国家科技支撑计划基于 3S 和 4D 的城市规划设计集成技术研究丛书

空间信息技术在城市规划
编制中的应用研究

"基于 3S 和 4D 的城市规划设计集成技术研究" 课题组

中国建筑工业出版社

图书在版编目（CIP）数据

空间信息技术在城市规划编制中的应用研究／"基于 3S 和 4D 的城市规划设计集成技术研究"课题组编著．—北京：中国建筑工业出版社，2012.7

（国家科技支撑计划基于 3S 和 4D 的城市规划设计集成技术研究丛书）

ISBN 978-7-112-14337-5

Ⅰ.①空… Ⅱ.①基… Ⅲ.①空间信息技术—应用—城市规划—编制—研究 Ⅳ.①TU984

中国版本图书馆 CIP 数据核字（2012）第 101427 号

城市规划是综合性的空间规划，以地理信息系统技术（GIS）、遥感技术（RS）、全球定位系统技术（GPS）及虚拟现实（VR）与三维仿真技术为代表的空间信息技术在管理海量空间数据、解决空间问题方面具有独特的优势，空间信息技术及空间数据产品的集成应用将拓展城乡规划编制中空间分析的能力，提升城乡规划编制的科学性、统一性和工作效率。

本书内容基于国家"十一五"科技支撑计划资助项目"区域规划与城市土地节约利用关键技术"中的课题八——"基于 3S 和 4D 的城市规划设计集成技术研究"的成果，介绍了空间信息集成技术在城市规划编制中的应用现状、亟待解决的问题及相关研究成果。

本书可供从事城市规划及空间信息技术研究的科技工作者、城市规划编制人员及城市规划决策与管理者参考。

责任编辑：焦 扬 陆新之
责任设计：赵明霞
责任校对：党 蕾 赵 颖

国家科技支撑计划基于 3S 和 4D 的城市规划设计集成技术研究丛书
空间信息技术在城市规划编制中的应用研究
"基于 3S 和 4D 的城市规划设计集成技术研究"课题组
*
中国建筑工业出版社出版、发行（北京西郊百万庄）
各地新华书店、建筑书店经销
北京永铮有限责任公司制版
北京建筑工业印刷厂印刷
*
开本：850×1168 毫米 1/16 印张：9½ 字数：220 千字
2012 年 10 月第一版 2012 年 10 月第一次印刷
定价：**35.00** 元
ISBN 978-7-112-14337-5
　　　（22393）

国家科技支撑计划课题"基于 3S 和 4D 的城市规划设计集成技术研究"（2006BAJ14B08）课题组成员名单

课题负责人　李晓江、金晓春

主要参加人

中国城市规划设计研究院：

　　李克鲁、尧传华、石亚男、罗　静、翟　健、

　　郭余华、段予正、郭　磊、吴　江、徐　超等

清华大学建筑学院：

　　党安荣、毛其智、周文生、梁　伟、李永浮、

　　王静文、何新东、杨小鹏、厉基巍、马琦伟等

中国科学院遥感应用研究所：

　　沈占锋、池天河、骆剑承、张　新、张成刚、

　　王星星、杨帮会、韩　冲、季　楠

北京伟景行数字城市科技有限公司：

　　迟　伟、张　曦、史慧珍、李　刚、王烈波、

　　朱旭平

前　　言

　　城市规划作为唯一有法定地位的落实国家宏观政策、指导城市长期发展的规划，在整个国家规划体系中涉及领域最广、包含内容最多、指导作用很强，它对落实国家政策，实现国土资源的科学规划、优化配置、合理开发和充分利用，实现环境、社会和经济健康、协调、可持续发展有着重要的指导意义。城市规划工作包括：城市规划编制、城市规划审查和城市规划监督管理三大部分，而城市规划编制又是全部城市规划工作的基础，没有科学的规划成果，城市的健康、协调、可持续发展就无从谈起。所以，城市规划的科学化不仅是城市规划设计学科自身发展的需求，也是落实科学发展观的客观需求。

　　学科的科学化离不开技术手段的科学化，传统的城市规划多以二维、静态和定性分析为主要手段，而在快速发展的中国当代城市和社会，仅靠二维、静态和定性分析来决策未来城市与区域的发展是远远不能满足要求的。所以，定性与三维、动态、定量及半定量分析手段综合应用是城市规划科学化的"必需"选择。好在当代空间信息科技的发展也同样迅速，为这种"必需"提供了可能。

　　20世纪末，"数字地球"、"数字城市"逐渐成为全球科技热点和媒体焦点。"数字地球"、"数字城市"概念的提出提升了"3S"技术的地位，促进了"3S"技术的迅速发展及"4D"产品的日趋成熟，在众多领域的应用也向更深的层次推进。

　　在城市规划领域，由于"数字城市"建设的推动及"3S"技术的发展和"4D"产品的日趋成熟，给城市规划设计的技术革新带来了契机，并在许多方面得到了应用，如基于GIS的土地适宜性评价、基于GIS的城市空间分析、GIS辅助城市地下空间的规划设计和工程评估、GIS技术在历史街区保护规划中的应用、基于遥感信息的城市空间布局分析、卫星遥感技术在城市绿地调查方面的应用、GPS在城市现状调查中的应用等。这些应用为城市规划设计和决策的科学化起到了积极的推动作用。

　　但是到目前为止，城市规划领域"3S"技术的应用还处于分散化、单一化、标准不统一的状态，多源空间数据的集成应用标准研究、"3S"技术、虚拟现实及三维仿真等多种技术在城市规划设计中的集成技术研究，以及集成平台开发在国内外尚属空白，没有充分发挥出上述技术的综合优势。

　　本书研究内容与成果基于国家"十一五"科技支撑计划项目"区域规划与城市土地节约利用关键技术"中的第八课题：基于3S和4D的城市规划设计集成技术研究（2006BAJ14B08）。

该课题在继承和发展已有研究与应用成果的基础上，结合城市规划设计的需要，从"3S 导向的城市规划设计空间数据基础设施标准"、"基于 3S 和 4D 的城镇体系规划技术"、"基于 3S 和 4D 的城市总体规划技术"、"基于 3S 的城市设计和详细规划（控制性和修建性）技术"以及"基于 3S、虚拟现实与三维仿真技术的城市规划设计集成平台"等多个方面深入开展集成技术研究。为进一步促进城市规划设计和决策的科学化作出贡献，同时为"数字城市"建设提供有力支撑。

目　录

1　绪　　论

1.1　3S 与 4D 的概念

"3S"与"4D"是空间信息技术的主要组成部分。"3S"包括地理信息系统技术（GIS）、遥感技术（RS）和全球定位系统技术（GPS）。

地理信息系统（Geographic Information system，简称 GIS）是在计算机软件和硬件支持下，把各种地理信息按照空间分布及属性，以一定格式输入、存储、检索、显示和综合分析应用的技术系统，具有数据输入、存储、编辑、操作运算、数据查询检索、应用分析、数据显示及结果输出、数据更新等基本功能，具有标准化、数字化和多维结构等基本特点，是综合处理与分析多源时空数据的理想平台，是空间信息的"大管家"和公共的地理定位基础。

遥感（Remote Sensing，简称 RS），是利用飞机、卫星等空间平台上的传感器（包括可见光、红外、微波、激光等传感器），从空中远距离对地面进行观测，根据目标反射或辐射的电磁波，经过校正、变换、图像增强和识别分类等处理，快速地获取大范围地物特征和周边环境信息，获得实时、形象化、不同分辨率的遥感图像。具有探测范围大、资料新颖、成图速度快、收集资料方便等特点，获取的遥感图像具有真实性、直观性、实时性等优点。

全球定位系统（Global Position System，简称 GPS），是一种同时接收来自多个卫星的电波信号，以卫星为基准求出接收点位置的技术，由空间卫星（均匀分布在 9 个轨道平面的 24 颗卫星）、地面监控站和用户接收机三部分组成。具有定位精度高、观测时间短、无须通视、操作简便、全天候作业等特点。不仅可以用于测量、导航，还可用于测速、测时等，提供野外基础测绘的控制数据。

"4D"产品，即数字高程模型（DEM）、数字正射影像图（DOM）、数字栅格图（DRG）、数字线划地图（DLR），是基础地理信息数字产品的四种基本模式，是 RS、GIS、GPS 和计算机辅助制图技术系统一体化发展的结果。各种产品既可独立存在，又能相互补充与相关，除具有空间定位、距离、面积、体积量算等传统产品的功能外，还可以进行投影变换、比例尺缩放，其精度不会因时间、温度的变化而受影响等，这些都是常规模拟产品无法比拟的。

另外，虚拟现实技术也是空间信息技术的重要组成部分。虚拟现实技术（Virtual Reality，简称 VR）是近年来比较热门的一种新型计算机处理技术，是一种逼真地模拟人在自然环境中的视觉、听觉、触觉、嗅觉、运动的交互系统。用户通过头盔式的三维立体显示器、数据手套及立体声耳机等虚拟交互接口设备，能完全沉浸在计算机创造的图形世界里，实现人类技能对虚拟环境的观察、触摸、操作、检测等试验，产生身临其境的真实感觉。VR 技术与 GIS、RS 技术相结合，在城市规划中，能真实模拟复杂多变的城市三维地形，将城市遥远过去向未知将来的演变进程生动、直观地呈现，使用户能在交互的虚拟场景中进行实时的数据查询和可视化分析。

1.2 城乡规划编制对空间信息技术的需求

城市规划是研究城市的未来发展、城市的合理布局和综合安排城市各项工程建设的综合部署，是一定时期内城市发展的蓝图，是城市管理的重要组成部分，是城市建设和管理的依据，也是城市规划、城市建设、城市运行三个阶段管理的龙头。

城市是一个复杂的巨系统，城市规划业务本身需要收集、处理分析、展示大量的与规划区地表空间位置相关的空间和属性信息。这些信息具有如下的特点：

•数据量大。城市信息涉及城市社会的方方面面，种类繁多，来源广，数量庞大，既有反映地理位置的空间数据，也有描述空间特征的属性数据。

•分析性强。城市信息处理需要进行大量的分析性工作，不仅需要定性和静态的分析，而且需要定量、定位和动态的综合分析和评价。

•现势性高。城市信息更新的速度随城市化进程的推进不断加快，规划的制定与修编周期大大缩短，要求城市信息具有良好的现势性，对信息的处理具有实时性。

随着经济、社会和人口的发展，城市化进程逐渐加快，城市建设达到空前规模，信息化浪潮给城市规划带来巨大冲击，传统的规划编制手段已经不能满足城市发展的要求。为适应发展需求，规划者必须寻求新的技术手段推动城市规划编制的发展。

（1）城市化的进程对城市规划提出了更高的要求

随着经济、社会和人口的发展，世界城市化进程逐渐加快。城市化是一把双刃剑，在给人类带来文明和进步的同时，也引起了一系列的问题，如：环境污染、耕地减少、住房拥挤、交通阻塞等，城市规划与管理的工作量急剧上升，这些对传统的城市规划和城市管理提出了严峻的挑战。传统的工作方式和手段已跟不上现代化城市建设和管理的需要，城市需要一种更加全面、科学、合理的手段和方法进行规划和管理，显得尤为重要。GIS 能科学地管理和综合地分析具有空间特征的城市海量数据，保证数据现势性和准确性，科学、准确地反映城市的现状与发展，是提出合理决策、辅助城市规划和管理的先进的技术工具。

（2）城市规划和管理的数据迅速增长，传统的数据处理方法难以胜任数据的急速膨胀

城市作为一个国家的政治、经济、文化的集聚中心，其信息的产生、交换、融合无时不在，并涉及地理、资源、环境、社会经济、人口等各个方面。随着城市化进程的加快，数据的类型和层次呈多样化发展。反映城市现状、规划、变迁的各类数据以海量方式呈现，并且处于不断的更新变化中。利用传统方法进行处理分析，其工作量相当大，并且分析的深度难以加强，分析的广度难以扩展，也缺乏现势性和直观性。地理信息系统利用先进的计算机技术能对庞大的数据进行存储，利用遥感技术可对数据及时更新，准确反映人们赖以生存的现实世界的现势和变迁。

（3）提高城市规划和管理的质量和效率的需要

要建设好城市，必须有科学的城市规划，并严格按照规划进行建设。现代城市急剧发展

的人口和产业、复杂的设施、有限的土地、环境资源的状况不允许城市盲目建设。从城市社会和经济方面来说，城市建设是一项巨大的投资，建设项目的确定、规模的大小、标准的高低、建设效益的分配都必须合理统筹安排，而不能凭主观意志盲目决定。城市规划的任务主要是对城市建设的经济、社会和环境条件的分析、论证、决策，同时要具体地定质、定量、定形、定位地确定城市空间和各项设施的实体形态。传统的城市规划一般以常规分析的原则和方法对城市空间作定性处理，由于人力、时间所限，往往难以对大量的数据进行充分的分析、论证，因此分析的结果偏重于感性判断，缺乏精确的定量分析。而 GIS 能对与城市相关的各类空间数据和属性数据进行客观的、科学的管理和综合分析，结合先进的科技手段，如计算机网络技术、数据库管理技术、多媒体技术等，共享相关部门的数据，对不同类型、不同阶段的空间信息作出直观、生动的描述，并能运用各种数学方法进行统计分析，建立城市规划相应的数学模型，从区域角度来合理分布人口和城镇体系，辅助城市规划和管理，使城市向可持续方向发展。

从数据特点来看，城市信息与以 GIS 技术为主的空间信息技术处理的数据是相一致的，并且从若干国内外成功实践经验也可得出，空间信息技术应用于城市规划领域是完全可行的。以"3S"技术和"4D"为主的空间信息技术在当今"数字地球"的背景下，已经成为现代社会持续发展、资源合理规划利用、城乡规划和管理、自然灾害动态监测与防治等的重要技术手段。

1.3 城市规划中的空间信息技术集成研究

1.3.1 研究现状

（1）空间信息技术集成研究

集成是英语 Integration 的中译文，它指的是一种有机的结合，在线的连接、实时的处理和系统的整体性。

以 3S 技术、4D 产品、虚拟现实与三维仿真技术为主体的空间信息技术，在城市规划领域的应用基本上可以分为两个阶段：20 世纪 90 年代之前，主要是单向技术的应用，而且以 RS 与 GIS 应用为多；20 世纪 90 年代之后，逐步走向两项或多项技术的集成应用。

国外空间信息技术在城市规划中的集成应用起步相对较早。在美国，William Jepson 领导的 UCLA 建筑和城市规划的城市模拟研究小组，早在 1995 年就综合应用 CAD、3D-GIS 及 VR 技术，实现了多达 4000m² 的交互式洛杉矶虚拟城市模型，对洛杉矶城市的未来发展作了预测，并对绿化等环境进行仿真研究（Doyle S.，Dodge M.，Smith A.，1998）。在英国，伦敦大学 CASA 的 Martin Dodge 等人对建立伦敦的虚拟城市作了深入研究，探讨了虚拟物体摆放到全景图中的实现技术，从而实现城市规划（Jepson W.，Liggett R.，Friedman S.，1996）。类似的应用研究工作，在日本东京、德国柏林等城市规划中也有开展。2005 年夏天 Google Earth 的推出，以及近年来 Microsoft 公司推出的 Virtual Earth 3D，在一定程度上表明空间信息技术集成应用达到了一个全新的、适用化、社会化的高度。

我国空间信息技术集成研究开始于 20 世纪 90 年代中期，王之卓先生早在 1995 年就论述了 3S 技术的集成（王之卓，1995），刘震与李树凯先生在国家攻关项目支持下，先后开展了 3S 技术一体化与技术集成系统的研究（刘震、李树凯，1995，1997），李德仁先生就 3S 集成的理论与关键技术进行了研究（李德仁，1997），并就空间信息系统集成与实现进行了全面的研究，奠定了空间信息技术集成研究的基础。随后，毛政元（2002）、田道明（2002）、刘晓艳（2003）、王振中（2005）等对空间信息技术集成及其在土地资源等领域的应用进行过研究，取得了一些进展。

（2）空间信息技术集成在城市规划中的应用

相比之下，空间信息技术集成在城市规划中的应用起步较晚，基本上是近几年的事情。2004 年，罗名海与郑朝贵就 3S 技术的发展与集成及其在城市规划中的应用途径与前景进行了总结与探讨（罗名海，2004；郑朝贵，2004），2005 年，徐振华与李挺韦等根据 GIS、RS、GPS 的发展趋势，分析了 3S 技术在城市规划现状调查与数据管理、现状评价与空间分析、交通调查与模拟分析、方案评价与成果表现、信息发布与公众参与等方面的最新应用前景。不过，上述探讨更多停留在理性分析层次，缺乏在城市规划中的实践应用。2005 年完成的"十五"国家科技攻关计划——"城市规划建设、管理与服务的数字化工程"项目，取得了大量研究与示范应用成果，加快促进了研究成果的推广转化。

作为空间信息技术重要组成的 VR 技术与三维仿真技术，在城市规划领域具有非常重要的地位和应用价值。应用 VR 技术的目的主要有两个方面，其一是在规划方案形成阶段，让规划师在交互式三维视景中考察、讨论和修改规划方案；其二是在规划方案形成之后，通过 VR 模型充分表现规划方案，以便向评审者或公众展示规划方案（杨克俭、刘舒燕等，2000；朱露、吴素芝等，2003），而其中又以第二种方式为主。深圳市与上海市的应用实例是比较典型的。深圳市开展 VR 技术应用于城市规划研究工作比较，为了配合深圳市政府和深圳市规划与国土资源局关于深圳市中心区的规划设计评审，深圳市规划与国土资源局从 1996 年就开始在城市规划与设计领域进行虚拟现实技术的应用研究（李春阳、郭永明，2003）。上海市城市规划管理局在三维可视化辅助城市规划管理方面的研究开始于 1999 年，他们首先采用基于图像的三维建模方法，利用上海市 2000 年航片，以武汉适普软件公司的 VirtuoZo 与 CyberCity 软件为平台完成了黄浦江两岸核心地区 $6.7 km^2$ 城市现状建筑三维模型的建立；然后利用外业实拍相片完成了现状建筑三维模型的外观纹理贴图工作，实现了对黄浦江两岸核心地区城市现状的客观真实再现（王磊，2003）。

但是，在城市规划过程中，仅仅应用 VR 技术或者仅仅应用 3S 技术都是不够的，必须将 VR 技术与 3S 技术有机集成，也就是本研究关注的"空间信息技术集成"。好在如何充分发挥 RS 数据获取、GIS 空间分析、VR 规划表现的优势，构建三维动态城市规划系统，已经开始被关注（庞前聪、吕毅等，2004；谢波、李利军等，2004），其中涉及的多源数据的异构特征问题也进入学者的研究视野（卢新海、何保国，2005）。不过，目前的研究还比较零散，不能从整体上促进城市规划设计信息化发展。

此外，必须看到，城市规划管理信息系统与城市规划管理决策支持系统，一直是城市规划管理部门、科研院所、众多企业关注的热点，很多城市规划局（诸如广州、深圳、上海等）都投入了大量的人力、物力从事相关的工作，组建或开发了城市规划管理信息系统，并在城市规划管理中发挥了相当的作用。然而，这些系统主要是面向城市规划管理人员的，而不是面向城市规划编制人员的；况且，这些系统基本上都是单项或两项空间信息技术的应用，而不是空间信息技术的整体集成应用。

从上述状况分析可以得到四点结论：①尽管空间信息技术中 3S 技术的集成研究较多，形成了一些比较公认的成果，但 3S 技术与 VR 技术及三维仿真技术的集成研究还很不成熟，有待进一步研究。②尽管 3S 技术与 VR 技术及三维仿真技术在我国城市规划领域已经取得了很多的应用成果，但大多数仍停留在松散的数据获取、数据分析、规划方案演示等各个阶段，并没有将 3S 技术与 VR 技术及三维仿真技术的集成优势和潜力充分发挥出来。③急需建立城市规划设计空间数据标准总体框架并重点开展相关的标准研究。④应用单向空间信息技术、针对现行城市规划管理的信息系统与决策支持系统比较多，但面向城市规划设计、集成应用空间信息技术、针对多层次城市规划的集成平台缺乏。

1.3.2　内容安排

针对空间信息技术在城市规划编制中的应用现状，结合"数字城市"、"数字地球"等现代科学技术与管理方式的发展趋势，确定本书的重点研究方向为：城市规划编制过程中的空间信息技术集成应用。集成并不是简单的技术方法的组合，而是一项复杂的系统工程，其中涉及基础设施建设、集成技术方法研究、集成软件工具开发、集成平台建设等。要实现空间信息技术在城市规划编制中的集成，目前还存在很多困难和亟待解决的问题，本书将着重就以下几个方面进行研究和阐述。

（1）相关标准与规范研究

空间信息技术的发展大大扩展了对于空间数据获取的能力，而面对来源不同、类型多样、尺度不一、精度不同的海量空间数据，需要制定科学、系统、完备的数据标准，才能在城市规划编制中充分发挥各类数据的特点，实现有效管理和科学利用，真正实现多源空间数据的融合与集成应用。将以"4D"为主的空间数据和以"3S"和 VR 为主的空间信息技术在城市规划中应用需要一系列完整科学的数据标准与技术规范体系，包括城市规划设计空间数据标准体系总体框架、空间数据库标准、空间数据元数据标准、空间数据交换标准、空间数据精度标准与兼容性评价方法与规范等。缺少这些标准与技术规范，将无法保证城市规划编制中空间数据的质量，不能充分发挥空间信息技术在数据管理、空间分析与辅助决策方面的效力。

（2）空间分析模型的系统研究

城市规划涵盖不同尺度，从区域范围的城镇体系规划，到基于城市的总体规划，再到城市设计和详细规划，需要应用空间分析模型解决的问题也不同。目前，在规划编制中所采用的分析模型包括空间信息技术自身的方法（例如 GIS 的空间叠加、缓冲区分析等）以及空间统计学分析模型（如地统计分析模型等）、不同专项规划中应用的空间分析模型（如交通分析模型等)、其他相关专业研究成果中的分析模型(生态承载力分析模型、景观生态学分析模型、土地利用与变化分析模型等)等。如何针对不同尺度、不同方向的规划编制需求,系统科学地使用这些模型与方法,建立空间信息技术在城市规划编制中的应用技术方法体系,使其在城市规划编制过程中发挥最大的效用,提高规划成果的科学性和工作效率,是急需解决的问题。

(3)空间信息技术在城市规划编制中集成应用的方法体系研究

空间信息技术在数据处理与管理、现状调查与分析、空间分析与辅助决策、成果表达与展示的多方面都具有强大的技术优势,但目前在城市规划编制中的应用基本处在分散状态,只是为了解决规划编制中遇到的某些特定问题而临时采取的解决措施。这不仅不能充分发挥空间信息技术的强大优势,也阻碍了空间信息技术在城市规划领域的发展与应用。因此,需要针对城市规划编制需求建立系统、科学的空间信息技术集成应用方法体系,为空间信息技术在城市规划编制领域的广泛应用提供支撑,使空间信息技术真正发挥作用,这其中既包括空间信息技术集成应用体系的研究,又包括多源空间数据集成应用方法的研究。

(4)辅助分析软件的开发

目前,城市规划编制过程中的空间分析基本通过 GIS 软件实现,软件自带的基本空间分析功能实现相对容易,但一些综合空间分析模型往往需要通过软件的多个分析模块,通过较复杂的分析过程才能实现,甚至需要分析人员自己建模编程实现。这些操作对于城市规划编制人员来说过于复杂,不易掌握。

因此,需要针对城市规划编制人员开发用于城市规划编制辅助分析与决策的软件平台。按照城市规划编制的业务特点与工作方式,系统组织各类空间分析模型与方法,使规划编制人员能够正确、方便地使用,达到提升规划编制成果的科学性和提高工作效率的目的。

(5)集成平台构建技术研究

结合未来技术的发展方向(空间信息技术、网络技术等),实现"数字城市"、"数字城市规划"的目标,需要建立基于 3S 和 4D 的集成平台。集成平台并不是空间信息技术和空间数据的简单组合和应用,需要在科学、系统的框架体系下建立。

构建和实现该集成平台还存在很多关键技术问题没有解决,本书将针对这些关键技术开展研究,包括多源空间数据集成技术,基于开放数据标准与空间数据元数据的数据交换与互操作技术,海量空间数据仓库构建技术,空间信息挖掘与智能空间决策支持系统构建技术,基于开敞数据流网络的公众信息指导规划方案测评技术等。

2 空间信息技术与城市规划编制

2.1 概述

自从戈尔 1998 年在著名的《数字地球——认识 21 世纪我们这颗星球》报告中提出数字地球的概念以来，数字地球逐渐成为全球科技热点和媒体焦点。数字城市也掀起了一股热潮，成为知识经济时代的城市形象工程，其核心思想就是通过对城市基础设施和运行功能的数字化模拟和可视化监控，改善城市投资环境，加强政府宏观调控，提高基本建设的投资效益（李德仁，1997）。数字地球、数字城市既是战略口号，也是系统工程，需要许多新的理论和技术作为支撑。3S 技术的迅速发展，在数据采集、存储模式、处理方法等方面不断提供新的手段，成为数字地球、数字城市的核心技术支撑，推动着城市规划新技术应用不断向更高层次发展。进入 21 世纪，科学技术在改变世界面貌和人类生活中发挥着巨大的作用，空间技术已潜移默化地应用在日常生活和社会实践中，在各种领域中扮演越来越重要的角色。

"3S"技术与"4D"产品在城市规划中的应用极其广泛，最主要的是信息的采集、城市用地的动态监测、城市综合环境的质量评价、城市规划管理、城市规划方案的三维仿真等。

（1）城市规划信息的采集

遥感（RS）是一种非接触式对地观测技术，具有快捷、实时、动态地获取空间信息的能力。RS 技术给地形图等基本资料的快速更新，和土地利用、道路、城市绿地等城市各种专题信息的提取与专题图制作等工作提供更加有效、快捷、经济的手段。GPS 技术主要被用于实时、快速地提供目标的空间位置。快速静态定位法为城市各种工程控制网的测量提供了快捷、经济的手段。在图根测量、竣工测量、城市勘界测量等方面得到越来越多的应用。RS 技术和 GPS 技术的集成使得城市规划的基础信息能够得到快速、经济的更新。

（2）城市用地的动态监测

随着城市人口的增加，城市的空间迅速增长，与此同时也出现了土地开发过热、地价暴涨等问题，给城市建设造成不利影响。如何合理利用城市的每一寸土地，提高土地效益，实现城市的可持续发展，迫切需要对城市增长的规律进行研究。利用多个时期的遥感影像图进行城市用地的动态监测，并结合数理统计的方法进行城市重心移动、离散度、紧凑度和放射状指数等指标的评价，可以发现城市规划中存在的问题，及时改正，增加规划的科学性。

（3）城市综合环境的质量评价

城市环境受自然因素和社会因素的相互作用越来越强烈，可以利用地理信息系统（GIS）技术建立城市规划环境质量评价因子数据库及评价指标体系，将城市总体规划的布局及城市规划的经济效益、环境效益和社会效益联系起来，并在此基础上进行最终的决策评估。

（4）城市规划编制辅助分析

城市规划编制需要解决与空间分布相关的诸多问题，以 GIS 技术为代表的空间信息技术对此具有无可比拟的优势。运用 3S 技术的空间分析功能，以及各种专业空间分析模型，可以为城市规划编制过程中的区域关系分析、城市形态分析、基础设施选址与布局、灾害风险评价等内容提供强有力的分析与辅助决策。

（5）城市规划管理

城市规划历来是以地理空间信息作为其编制和管理的基础的。GIS 技术的应用不仅仅是辅助绘制规划地图，而是直接用于编制规划方案、城市规划管理与决策的过程中。城市规划管理工作的核心是城市建设用地和建筑项目的管理。对于要立案的项目，可由 GIS 数据库中查阅项目的申报单位和申报项目的有关信息，以此作为检查项目受理情况和工作周期的依据。在审批阶段，可借助 GIS 空间分析技术，使审批人员可以很快地统计出所圈地块的面积及有关的属性信息等。建立以工作流办公自动化技术为主线，以 GIS 技术为核心的集成系统来实现整个城市规划管理的方法已经得到比较广泛的运用。

（6）城市规划方案的三维仿真

虚拟 GIS，即结合 GIS 与虚拟现实（VR）技术，使其具有观察立体细节的功能。土地利用总体规划设计者通过虚拟 GIS 能直观地观察田块、房屋、道路等各层虚拟景观，进而分析土地利用的各项效益与弊端，通过结合 GIS 数据库可实时对田块、房屋、道路等地物定位，获得规划设计区域的三维图像。利用 VR 技术建立相应的三维模型，提高了土地利用区域的模拟仿真精度，增强了三维 GIS 的功能。规划设计者可通过三维模型对土地利用总体规划设计进行更为直观的感受，辅助进行形象思维和空间造型，由此作出更为正确的评价和筛选。

2.2 地理信息系统技术（GIS）在城市规划中的应用

地理信息系统（Geographic Information system，简称 GIS）是关于地理信息存储、应用和管理的计算机技术系统。它最根本的特点是每个数据项都按地理坐标编码，即首先是定位，然后是定性（分类）、定量，以此为基础形成数据库，具备愈来愈完善的信息输入、存储、分析、管理功能。

20 世纪 60 年代，世界上第一个地理信息系统在加拿大建立。经过 40 多年的发展，地理信息系统已经被广泛应用到各个专业领域。地理信息系统是一个收集、存储、分析和传播地球上关于某一地区信息的系统，一个完整的地理信息系统必须具备输入、存储、操作和分析、表达和输出四大功能。GIS 为人们收集、存储、处理各种与地理空间分布有关的数据提供了技术支撑条件，从而帮助使用者作出正确预测及制定相关对策。近年来伴随着地理信息系统的应用，其已经成为建立数字城市规划的技术平台，是现代城市规划领域中极为重要的管理和分析手段。

2.2.1 GIS 技术在城市规划编制中的应用

城市规划编制是指根据国家的城市发展建设方针以及城市的自然条件和建设条件，合理确定城市发展目标、城市性质、规模和布局，重点强调规划区域内土地利用空间配置和城市产业及基础设施的规划布局。城市规划的核心是城市物质空间的规划，它要为城市经济产业、政策措施等非物质规划对象提供实体空间，空间是城市规划的主角。而 GIS 除了具有海量数据的处理和管理功能外还具有强大的空间分析功能，城市规划编制的核心在于科学、合理地进行城市物质空间的规划决策，二者在"空间"上具有相互借鉴和吸收的契合点。

虽然 GIS 本身不能完成规划和解决社会经济发展问题，但它的确是规划工作中非常有用和重要的工具（Edralin，1991）。GIS 有着十分强大的管理空间信息的功能，并且可以把社会、经济、人口等属性信息与地表空间位置相连，以组成完整的规划信息数据库，方便查询、管理、分析、调用和显示；同时，GIS 也提供了许多地理空间分析功能，如图层叠加、缓冲区、最佳路径、自动配准等。因此，GIS 在城市规划中不仅是数据库，还是功能强大的"工具箱"（Yeh，1991）。

GIS 在城市规划中的优势在于它将一种科学成分输入到规划的描述、预测和建议中。GIS 可应用于城市规划领域的各个方面：从设计到管理，从前期资料收集整理到成果出图，从小范围的详细规划到大的区域规划，从综合性的总体规划到专业性的专项规划，从项目选址到可持续发展战略制订。具体来说，例如用 GIS 技术建立空间数据库，把城市规划中所需的自然状况、社会经济发展状况、生态环境状况等基础资料进行分类整理，形成城市规划的信息基础，在规划过程中就可以方便地进行信息动态查询及更新；用 GIS 生成土地适宜性分析图辅助规划方案的制订；用最佳路径法自动选择道路；用图层叠加选择目标位置；制作规划管理查询系统、规划实施监督系统等。其中，不同用户、不同的阶段又有不同的应用重点，如在规划管理部门主要应用 GIS 的空间数据库功能，以查询显示为主，而在规划编制部门则要用到 GIS 的一些空间分析功能，甚至在 GIS 空间分析的基础上加入规划专业分析模块，例如借助 GIS 可以预测城市人口和经济增长，找出城市布局中的环境敏感区域，将空间优化模型和 GIS 结合则能够提出一些经过优化的城市规划方案，帮助决策者对不同规划方案进行评价等。总之，将 GIS 引入城市规划领域，可以提高规划工作的效率，改善规划成果的准确性和合理性，同时能监控城市发展状况，及时调整、制订城市发展战略（Wiggins 和 French，1991）。GIS 在城市规划中的应用具体体现在以下几个方面。

（1）数据处理与管理

城市规划的核心是城市物质空间的规划，它要为城市经济产业、政策措施等非物质规划对象提供实体空间，空间是城市规划的主角。城市规划是建立在对规划区域自然地理环境、人文社会经济发展状况等诸多要素全面了解的基础之上的，相关数据的获取和有效管理是规划编制的前提和必要保障。城市规划编制涉及面广，空间数据量大，包括基础地形、遥感影像、土地利用、水文地质、工程地质、交通、电力、景观绿化等方方面面的基础空间数据，还包括各个阶段的规划成果数据。面对形式多样（文字、图表、地图、影像）、比例尺不等、格式不同（规划行业原有的数据多为 CAD 格式）的资料，需要强有力的数据管理工具，尤其是针对空间数据的管理工具。

通过适当的处理和转换，GIS 可以有效地获取（输入）、存储、更新、显示各种相关数据，把空间信息和属性信息关联起来，对数据进行有效的管理，并能以极快的速度以用户所需的形式提供精确的信息，满足城市规划编制的需要。利用 GIS 技术建立海量空间数据库，可以实现数据的存储、管理、网络发布、网络数据服务等多项功能。目前，国内多家城市规划编制单位已经开始建立面向城市规划的空间数据库与服务平台，为满足城市规划对空间数据应用、存储、管理与共享建立基础。

（2）空间分析与辅助决策

城市作为区域发展的核心，是区域人文和自然过程共同作用下的产物，纷繁复杂的各种空间数据和属性数据构成城市的空间关系。面对如此海量且不断快速更新的数据，传统的城市规划设计由于缺乏大规模快速准确的数据分析工具，无法对所获取的数据进行科学有效的定量分析。而定性分析中长期使用的经验分析法也因数据分析中感性因素的过多介入而带有太多主观随意性，规划数据分析的落后成为制约规划学科发展的技术瓶颈，直接导致城市运行机制研究不足，对城市未来发展方向预测失据。

GIS 软件平台的引入给规划设计领域带来了新的思维方式转变，GIS 可以管理和分析大容量的数据，具有数据更新快捷、空间分析实时直观等特性，促进规划实现从静态展示到动态模拟，从终极描述到全程辅助的转变。同时，GIS 技术还极大地丰富了规划设计手段和成果，直观而理性的空间分析模块可以辅助规划师对规划方案进行模拟、选择和评估，从而优选优化设计，弥补了之前城市规划纯图形、纯文字、定量分析与定性分析脱节的缺陷。

在城市规划中的空间分析是早期 GIS 应用的一个薄弱环节，这主要是由于传统的 GIS 只能提供有限的空间分析功能，并且缺乏解决实际城市规划问题的专业模块。Jankowski 和 Richard（1994）指出，现有的 GIS 空间分析仅仅基于简单的空间地理过程（如叠加、缓冲区等），并不能提供规划所需的最优化选择、现实模拟、决策分析等功能。GIS 需要结合经典的空间分析模块才能发挥其强大的空间数据组织和表现功能（Batty，1992）。在规划中 GIS 只是一种工具，仅提供了一个空间数据环境，能否解决实际问题还取决于利用专业知识进行的模块设计和应用上。因此，对 GIS 传统功能的规划应用扩展成为城市规划领域应用和研究的一大重点。

GIS 辅助规划的功能可根据不同的规划内容及阶段的需要进一步扩展，如可把某些专业模块植入 GIS 中，以加强其分析功能和提高实际应用的能力；也可以把 GIS 与其他专业系统相结合，以充分利用其空间数据库功能。Nijkamp 和 Scholten（1993）指出，GIS 除了能管理大量的空间数据外，还能植入许多空间分析模块，以帮助解决城市与区域规划问题，并提出整合专业模块到 GIS 的三个步骤：理论分析、模型试验和系统建立。这些模块功能包括空间统计分析、数学分析、计量地理学模块、评估模块等。同时，由于大多数城市规划工作者并非 GIS 专家，因此形象、直观、简单、易用、有针对性的用户界面及操作环境也是 GIS 应用的关键模块。

近年来，GIS 结合其他的专业模型及系统解决的规划问题越来越多。其思路为：GIS 仅是一种数据管理与空间分析工具，对具体规划问题的解决要运用专业知识，结合传统经典理论模型和新技术，有针对性地选择最优的系统模型，并配以 GIS 强大的空间数据库，提供空间及属性信息，同时运用 GIS 空间展示功能，形象直观地表现分析结果，以提高规划工作的效率和精度。如 Batty（1992）在澳大利亚墨尔本试验了传统的城市居住区选址模型，与 GIS 结合辅助城市规划中居住区的选择；Arentze、Borgers 和 Timmermans（1996）把 GIS 运用到空间决策支持系统（SDSS）的建设中，以提高决策的依据。而 Jankowski 和 Richard（1994）则结合多范畴分析模型与 GIS，提高规划选址的系统性。Yeh 和 Li（1998）运用 GIS 与可持续发展模型解决土地发展监测及可持续发展利用战略问题，用 CA 系统提高 GIS 应用中动态空间分析的能力，并模拟城市发展（Yeh 和 Li，2000）。Shi 和 Yeh（1999）结合 GIS 建设实例驱动知识系统（case based reasoning knowledge‐based system）以帮助控制城市发展。Ranzinger 和 Gleixner（1997）用 GIS 数据库结合 3D 软件，虚拟城市发展面貌。Jones Copas 和 Edmonds（1997）综合用户交互管理信息系统、客户支持系统、WWW 技术及传统 GIS，提供分布式 GIS 环境，使远程分布式协作规划成为可能等。

（3）公众参与

在城市规划的公众参与过程中，让大多数没有经过训练或只受过有限正规教育的普通市民去理解专业性较强的规划是十分困难的，规划师必须掌握更有效的交流方法和工具以使得规划师和公众之间能够架起沟通的桥梁。

GIS 作为可视化公众参与技术，最大的特点和益处在于：提供给普通公众一个通向海量复杂空间数据的途径以及一个强大的分析工具。规划设计、管理都涉及大量复杂的城市空间地理信息和社会经济信息，往往只有专家才有能力获取、处理和分析这些信息，从而完成专业性较强的城市规划工作。而 GIS 技术提供了完善的数据库组织、形象的可视化语言（主要为地图）和强大的分析工具。这些都使得把握复杂的空间信息、更有效地参与到规划决策中对于普通市民来说成为可能。

目前，国际上应用 GIS 技术促进规划公众参与有两种主要模式：技术支持模式和社区融合模式。技术支持模式是当前国际上的主流模式。在这个模式中，第三方（比如大学或私人公司）给公众提供数据、软件和分析，公众自由提出问题和想法。第三方的角色在于提供研究和分析，属于技术支持的角色。这个模式积极的一面在于公众不必学习任何有关 GIS 的知识，不必购买软、硬件及获得数据，也不必担心技术问题。此模式的缺陷在于参与者没有机会自己操作 GIS 以自己发现问题和提出解决办法，他们依赖于外部的专家。这一模式被视作一种自上而下的模式，它确实能够提供一种可靠的方法来促进决策的公共参与。

哈里斯和威纳提出一种他们称为"社区融合 GIS"（community‐integrated GIS）的新模式（Harris 和 Weiner，1998b）。这种模式下，社区利用第三方（大学或私人团体）以获取硬件、软件和数据，而第三方的专家来建构社区的 GIS 发展能力。第三方的角色在于建设好基础设施。社区协助第三方确认他们所需要的数据以及收集数据，然后社区成员必须学会如何使用 GIS，维护 GIS，教会其他人使用 GIS 以及自己作分析。这个模式的益处在于社区有能力自己作 GIS 分析。社区自己检查数据、运行查询、制作地图以及讨论可取的方法，社区是独立的。这一模式被视为自下而上的模式，对于民主的规划决策非常有裨益。这个模式的缺陷也是显而易见的：社区必须能够与第三方合作来构建 GIS 基础数据库，在第三方撤离后，社区面临着不靠外部帮助来处理维护 GIS 数据库以及教会别人的挑战。这一模式较前一模式的成本更高、风险更大，因此并不是目前的主流模式。但是由于它最终的目标是让普通公众能控制这一技术，因此它代表了发展的方向。

由于公众参与 GIS 技术是面向普通公众的，因此与一般专业型 GIS 技术相比，公众参与 GIS 采用了一些新的技术方法，其中研究最多的是 GIS 与多媒体结合以及 GIS 与 Internet 技术结合两个方面。

在 GIS 上链接声音、照片、遥感影像、视频动画等，不仅使公众可得到的信息丰富多样，也促使公众更有兴趣以及更好地感知他们所在的空间。GIS 与多媒体的结合有相当大的潜力来扩展公众参与的知识基础（Shiffer，1998）。

近年来，随着 WebGIS 的发展，普通用户通过 Internet 不但可以浏览空间数据，也可以实现 GIS 的许多数据分析和处理的功能。如果将 WebGIS 应用于城市规划，广大市民不仅可以了解规划，还可以积极参与规划。WebGIS 技术拓展了地理信息应用的新领域，同时也提高了城市规划的法律基础和群众基础。基于 Web 的 GIS 能保证一个更加友好、更加交互、更加透明，最终更加民主化的规划过程。

2.2.2　存在的问题

在过去的 20 年里，GIS 在城市规划中的应用虽然取得了很大的进展，但这些应用距离充分发挥 GIS 的强大功能以解决实际规划问题还差得很远。这涉及许多技术和非技术方面的因素，包括传统 GIS 自身的限制（如不易掌握、提供的专业模块有限等）、数据问题、组织应用问题等。GIS 在一些技术及应用上的局限影响到了它在规划领域中的应用，例如 GIS 自身的分析功能有限；GIS 缺乏友好的用户界面，普通人不易掌握；运用中规划师的大部分精力浪费在数据库收集和建立上，真正所需要的分析却考虑较少（Yeh，1991）。

同时，GIS 建设投资巨大、见效时间长，且需要实时维护和不断更新才能真正充分发挥其功效。尤其集中体现在数据库建设上，投资大、建设难，还涉及数据能否获得有效组织等多方面的问题。因此，投资和数据问题成为困扰 GIS 成功应用的重要因素之一。Yaakup 和 Healey（1994）指出，GIS 应用很大程度上取决于适当的分析数据的取得及合理的数据组织。而 Haque（1996）发现有限的数据迫使在模型设计中一些重要的参数被删节或忽略。事实上解决实际问题方法的选择是根据所能获得的数据来决定，而非根据解决实际问题的需要来决定的。

由于 GIS 和城市规划的"空间"本质相同，所以将 GIS 技术应用到现代城市规划中在实践上是必要的，在技术上是可行的。在城市规划体系中运用 GIS 技术可以为城市规划的管理和编制决策提供有力支持。在规划管理中利用 GIS 的海量数据库处理功能可以构建城市规划管理信息系统，实现规划管理的现代化和自动化。在规划编制中利用 GIS 的空间分析功能，在 GIS 确定和提供的空间建模框架下，可以对城市规划的不同目的构造各种各样的空间决策模型，对规划中的复杂空间问题进行辅助决策，从而使城市规划方案更加科学。虽然，GIS 在城市规划中的应用日益广泛和深入，但也应看到 GIS 应用的局限性。GIS 并不是万能的，它不能解决城市规划中的一切问题，而且离开城市规划的专业知识 GIS 将不能发挥作用。目前，GIS 仅作为规划管理和编制过程中的决策支持工具而发挥作用，从长远来看，把城市规划专家的知识和 GIS 有机结合起来构建基于专业知识的 GIS，才能更加充分发挥 GIS 在城市规划中的应用潜力，从而实现 GIS 和城市规划更为紧密的结合。

2.2.3　技术发展趋势

GIS 技术在 3S 技术中属于开发最早、应用最普遍的技术，也是发展变化最快的技术，随着数据库技术的发展、计算机性能的提高、网络应用的普及，不断升级换代。目前，主要发展方向集中在横向的应用系统集成、纵向的历史数据管理和广域的信息资源传播三个方面（罗明海，2004）。

（1）基于 SOA 的 GIS

面向服务的架构（SOA）被定义为："一种以通用为目的、可扩展、具有联合协作性的架构，所有流程都被定义为服务，服务通过基于类封装的服务接口委托给服务提供者，服务接口根据可扩展标识符、格式和协议单独描述（META）。"该定义的最后部分表明了服务接口和服务实现之间存在明确的分界。

SOA 是一种架构模型，它可以根据需求通过网络对松散耦合的粗粒度应用组件进行分布式部署、组合和使用。服务层是 SOA 的基础，可以直接被应用调用，从而有效控制系统中与软件代理交互的人为依赖性。SOA 要求开发人员将应用设计为服务的集合，并要求开发人员跳出应用本身进行思考，考虑现有服务的重用，或思索他们的服务如何能够被其他项目重用。通常，实施 SOA 的关键目标是实现企业 IT 资产的最大化重用。

SOA 可以看做是 B/S 模型、XML/Web Service 技术之后的自然延伸，它能够帮助我们站在一个新的高度理解企业级架构中的各种组件的开发、部署形式，它将帮助企业系统架构者以更迅速、更可靠、更具重用性地架构整个业务系统。较之以往，以 SOA 架构的系统能够更加从容地面对业务的急剧变化。

（2）网络 GIS

从发展历程看，GIS 软件技术体系可以划分为六个阶段，即：GIS 模块、集成式 GIS、模块化 GIS、核心式 GIS、组件式 GIS 和网络 GIS（WebGIS）。同传统的 GIS 相比，WebGIS 以其更广泛的访问范围、更简单的操作、更强的现势性、低廉的系统成本以及平台的独立性而越来越受到 GIS 用户的青睐。

城市化进程的加快，对城市规划与管理提出了更高的要求，要求规划信息的管理、应用越来越向着多部门、多地区、多行业、同步性协作式发展。但是，传统的城市规划管理信息系统只是面向特定的通常是部门内的用户，部门之间、地区之间、行业之间缺乏相互的联系和沟通，难以实现数据信息的共享，造成数据的重复建设和资源的严重浪费。利用 WebGIS 技术，选择基于 B/S 架构的标准三层结构体系，改变传统的基于 C/S 的架构模式，从根本上解决空间数据共享与互操作问题，使城市的各职能部门实现数据信息资源的共享，使得原来形成的信息孤岛局面得以改变，查询和统计信息变得更加便捷、快速。

网络技术应用主要有几种模式：主机/终端式、工作组方式、客户/服务器（C/S）方式、浏览器/服务器（B/S）方式。网络数据库的访问模式由文件共享方式发展到数据库服务器管理方式，包括文件共享、目录映射、目录服务、文件服务、数据服务和分布式计算等多种网络服务。目前，WebGIS 还处于初级阶段，已经推出的 WebGIS 大多是利用现有 GIS 软件通过 CGI/Server API 构造的过渡型产品，发展方向是基于 DCOM/ActiveX 或 CODRA/Java 开发的分布式对象 GIS。

基于 WebGIS 的数字城市规划信息发布系统可实现各种规划数据信息的共享，同时促进规划行业之间的联系和沟通，数字城市规划系统的网络化是未来数字城市规划发展的必然趋势，也是实现"数字城市"、"数字地球"的必由之路。WebGIS 是 Internet 和 WWW 技术应用于 GIS 开发的产物，是实现 GIS 互操作的一条最佳解决途径。从 Internet 的任意节点，用户都可以浏览 WebGIS 站点中的空间数据、制作专题图、进行各种空间信息检索和空间分析。因此，WebGIS 不但具有大部分乃至全部传统 GIS 软件具有的功能，而且还具有利用 Internet 优势的特有功能，即用户不必在自己的本地计算机上安装 GIS 软件就可以在 Internet 上访问远程的 GIS 数据和应用程序进行 GIS 分析，在 Internet 上提供交互的地图和数据（刘南、刘仁义，2002）。使 GIS 进入了千家万户，为开展城市规划公共参与、成果展示和政务公开提供一个便民、互动的技术平台。

目前，国内的城市规划，特别是中小城市，很少实现让人们参与到自己赖以生存的城市环境规划中，其主要原因是规划的实时信息公开没有实现和公众意见表达不够方便等。另外一方面，要让公众参与规划，应当有意识地提高公众的规划素质，这就要求系统内要给用户提供规划方面的政策规定、时事新闻、报刊摘要等。

（3）其他

时态 GIS：传统的 GIS 只涉及地理信息的两个方面：空间位置和属性定义，对数据进行静态或准动态的数据库管理，是二维或三维的信息表现在数据库更新时，过时的数据将从数据库中删除。时态 GIS（TGIS）即三维标识加时间概念，既要保证数据库的现势性，又强调历史资料的重要性，可以提供任何时刻和时间段的数据，是四维的信息表现，将为开展纵向的城市用地变迁分析提供更有利的平台。时态、地理信息系统技术还在发展之中，目前流行的做法是在现有数据模型基础上加以扩充，在关系模型（RDBMS）的元组中加入时间，在对象模型（OODB）中引入时间属性。

三维 GIS：真三维数据结构是当前 GIS 研究中的热点之一。一个三维 GIS 能够模拟、表达、管理、分析与三维实体相关的信息，并提供决策支持。矿山、地质以及气象、环境、地球物理、水文等众多的应用领域都需要三维 GIS 平台以支持真三维操作。真三维 GIS 与当前普通的 GIS 有本质的区别，3D GIS 是将三维空间坐标（x, y, z）作为独立的参数，数学表示为 $F = f(x, y, z)$。目前，3D GIS 的研究重点集中在三个方面：三维数据结构、三维拓扑关系和三维空间分析。与此同时，地质学家对于在三维 GIS 基础上加入时间变量而构成的四维 GIS 更感兴趣。

另外，诸如开放式 GIS（Open GIS）、可视化技术和虚拟现实技术同 GIS 的结合、GIS 与多媒体技术的集成，以及智能型 GIS（GIS 与专家系统的结合）等都是当前 GIS 的技术热点与发展趋势。

2.3　遥感技术（RS）在城市规划中的应用

2.3.1　遥感技术特征

遥感技术是应用探测仪器，不与探测目标直接接触，从远处把目标的电磁波特性记录下来，通过分析揭示出物体的特性及其变化的综合性探测及技术。该技术主要是通过传感器来接收和记录目标物的电磁波信息，如扫描仪、雷达、摄影机、摄像机和辐射计等。遥感技术具有探测范围大、现势性强、成图速度快、收集资料方便等特点，遥感图像具有信息量丰富、形象直观、覆盖面广、宏观全面、多波段、多时相及准确等特性，使其成为城市规划编制的重要信息源。利用遥感技术辅助城市规划拓展了规划制定的研究范围，也将改变传统城市规划的工作模式。

通过遥感图像，可分析土地利用类别、土地空间格局及其动态变化等。近年来，遥感技术作为观测和研究地表信息的有力工具得到了很大的发展，遥感卫星可以提供多时相（每天不同时间）、多光谱（可见光到微波、激光）及多空间分辨率（千米到亚米）的对地观测数据；此外，从遥感数据中快速反演与精确提取城市地表信息的研究也取得了较大的进展。

遥感技术起源于 20 世纪 60 年代，80 年代以来有了迅速的发展，表现在多样化、多层面搭载平台的出现，各种新型传感器的大量涌现，多样化立体影像获取手段的产生，高分辨率和多分辨率卫星影像的获取以及遥感影像处理理论研究的发展等。其中，分辨率的不断提高是遥感技术不断发展的重要标志。

2.3.2　遥感技术在城市规划编制中的应用

20 世纪 70 年代第一颗陆地卫星的升空，使得卫星遥感技术在短短的几十年内得到了飞速发展，尤其是 90 年代以后，Geoeye、QuickBird 等高空间分辨率遥感影像的出现和快速普及推广，使遥感技术在空间规划中的应用从宏观的判断到微观精化管理都有所覆盖，实现大范围、多尺度、重复监测。国内将遥感技术应用到空间规划领域始于 20 世纪 80 年代。以 1980～1983 年天津—渤海湾地区的环境遥感调查为起点，在短短的几十年时间里实现了跨越式发展（尤其是在一些发达城市），遥感在空间规划管理中的应用逐渐从定性转为定量，在规划管理中的应用范围和深度不断扩大，逐步形成了相对较为固化的技术体系和工作模式。

遥感技术在城市规划领域的应用比较深入，尤其是米级、亚米级的高分辨率卫星影像的发展，使得遥感技术在城市规划的应用成为一个发展趋势，遥感技术尤其航天遥感技术在土地利用调查、城市环境监测、用地规模与用地结构判别、城市发展变化分析、城市综合现状调查与分析、交通及基础设施调查及社会经济要素的遥感调查与反演、城市动态监测以及总体规划实施评估中得到广泛应用，为城市规划提供了准确、实时的现状数据，极大地提高了城市规划工作的科学性、准确性和工作效率。

遥感在城市规划中的应用包含两个层次：第一层次为遥感影像数据在规划中的日常应用。如将遥感影像图作为现状调查的基础图件，在城市总体规划、分区规划、详细规划及工程规划中应用以减少现状调查的盲目性及地形图滞后带来的现势性偏差；也可制作大型彩色挂图及专题或局部地区彩色挂图，为各级部门的管理、决策、宣传提供直观材料。第二层次为满足规划专题研究与新技术的应用。如利用影像信息源内容丰富、综合性强的特征结合计算机图像处理技术的新发展，分类提取影像信息。进行专题应用研究，为城市可持续发展、动态监测城市发展变化等提供依据，为城市规划信息系统的建立提供基础数据源。

遥感技术在城市规划中的应用主要包括以下几个方面。

（1）扩展城市规划数据源

包括地形图绘制和影像图制作两部分。地形图是城市规划和建设中不可缺少的基本图件，一般更新一代地形图，通常的周期是 3～5 年。高空间分辨率的卫星遥感资料如 IKNOS、SPOT 等可用于测制大比例尺的地形图，彩色红外摄影资料可测制大比例尺地形图，并有更新速度快、精度较高等特点。

虽然利用航天航空遥感资料可提高地形图测绘的速度和精度，但由于城市变化速度快，测绘成果仍不能及时满足城市规划部门急需，加上地形图的直观性相对差，综合信息反映不强，不能从同一基准面上宏观、真实地反映城市的发展状况，因此多种形式的遥感影像地图就成为规划、交通、土地、园林、水利、环保等部门代替地形图的过渡产品，为各部门提供重要的基础资料，发挥重要作用，其效益和实用价值是明显的。目前，城市影像地图主要有光学纠正影像地图、正射影像地图和专题影像图三种类型。

（2）现状调查与分析

利用航空航天遥感资料，可以迅速地获取城市用地现状，结合不同时期的遥感资料能够客观、准确地了解城市建设成就，动态地分析城市用地的发展趋势，为科学地规划布局城市用地提供基础资料，具有投资省、工效高、对信息加工处理更方便的特点。经过近些年的发展，遥感技术已经被广泛地应用于城市土地利用现状、绿地、生态环境等调查工作中。取得了良好的经济和社会效益，同时也推动了遥感技术在城市规划领域的深入应用。

1980 年天津运用航空遥感监测实验，编制了 1:10000 的土地利用与土地覆盖图。1983 年北京市交通、热岛的航空遥感，应用于旅游、土地资源调查监测获得很大的成功。1985～1995 年，先后在太原、大连、广州等 90 多个大中城市陆续进行彩红外摄影的航空遥感，对城市化合生态、环境问题进行了比较深入的调查研究。江苏省城市规划设计研究院在《江阴市城市绿地系统规划》中，采用 3S 技术结合多源多时相的遥感数据，对土地利用变化、空气质量安全等级、城市热岛效应、植被净第一生产力等进行分析，将先进技术与传统的城市绿地系统调查相结合，全面而且准确地掌握了规划区的绿地系统状况，为绿地系统的构建和布局提供了有力的支持。广州利用航空影像和 SPOT-5 卫星遥感调查广州市总体用地分配及相关规划和政策实施后的建设发展状况，完成了城市发展建设现状调查及主要变化地块的专题地图，为新一轮的城市总体规划编制提供了很好的参考和决策支持。

（3）城市发展条件评价

现状分析评价包括对规划区域的功能区划分析、生态敏感性分析、环境评价分析等。高劲松等通过遥感获得地物的空间属性和类别特征，通过 GIS 缓冲区分析、分类、栅格叠加、归组、面积计算等空间分析方法对满足多个条件的目标区块进行提取并建立了工程项目选址的模型，规划适宜建设地块。

杨金中通过遥感工程地质选址工作的系统分析，总结了区域地形地貌条件、岩土体条件、地质构造条件、地质灾害发育情况和水文地质、工程地质条件的研究内容和工作方法。郭俊等利用遥感和三维可视化方法，针对机场选址任务的要求生成规划区的飞行动画，给决策者提供准确、直观的勘察方法建议。唐先明根据山地城镇建设的发展现状，运用 RS 和 GIS 技术工具，在获取、分析三峡库区综合环境指标的基础上，建立了县城修建性选址模型，此模型的建立可以为三峡库区迁建综合环境研究提供合理的方案和措施。熊旭平以国道 107 长沙至湘潭路段公路域为研究区域，选择 SPOT-5 全色和多光谱遥感影像作为主要数据源，利用遥感影像分析技术进行分析、解译、分类、统计，提取相关的生态环境质量评价信息，参照 2006 年国家环境保护总局颁布的《生态环境状况评价技术规范（试行）》的相关规定，进行公路域生态环境质量评价的研究。袁春霞在生态系统健康的理论基础与方法的支持下，以金川河流域为研究对象，通过 RS 和 GIS 技术获取流域生态环境信息，建立流域生态系统信息数据库，利用自然条件限制因子—健康指示因子—人类活动影响因子评价模型，分析了金川河流域生态健康状况及特征，并对流域生态系统健康的影响因子进行分析。

史同广等的研究发现，由于 RS 和 GIS 技术在土地适宜性评价领域的深入应用，使得土地适宜性评价更为灵活和科学。郑新奇等利用航片对城市土地利用现状进行判读，对土地质量进行适宜性评价，在此基础上，利用系统动态学（SD）模型和多目标规划对城市各用地类型的面积进行优化计算，梁艳平等将模糊综合评判原理应用于用地适宜性评价，并对评价方法加以改进，以天津市总体规划的土地适宜性评价为例，通过与 GIS 方法结合，探索了定量评价的方法，讨论了评价过程中的一些关键技术。何宗等利用 2007 年 TM 遥感影像，构建了基于遥感和地理信息的城乡规则用地适宜性评价指标体系和评价模型，并对重庆梁平县进行了案例研究。

（4）规划实施动态监测

遥感技术在区域动态监测中的应用研究相对广泛和成熟，比如，田光进利用遥感技术以及全国资源环境数据库 1:100000 的土地利用矢量数据提取中国城镇与农村居民点矢量数据，通过建立 1km 格网矢量数据，利用单元自动机模型对全国进行了城镇动态区划。在对 20 世纪 90 年代 3 期 2 个阶段城镇及农村居民点用地分析的基础上，对全国居民点用地格局进行了动态分析。国土资源部利用 TM 数据，监测全国范围内土地利用的动态变化状况，该项目自 1999 年开始到现在仍在进行中，目前已发展利用 2.5m 分辨率的 SPOT 影像数据。罗海江等通过对北京市 1996 年 TM 影像进行解译，发现北京市第五次城市总体规划并没有得到切实执行，尤其是城市核心区域扩展侵吞了大量的城市绿地，规划的十大边缘集团几乎与老城区连为一体，将规划的绿色走廊吞没，严重影响了北京的大气环境。孙旭红等分析了利用遥感和地理信息系统技术进行城市规划监测的有利条件及基本流程，主要是利用遥感提取出的现状信息，通过 GIS 空间叠加分析，对规划的实施情况进行监测。

建设部自 2002 年年底开展的全国几个重点城市的规划监管和国家重点风景名胜区监管项目，就是利用 2.5m、1m、0.61m 等高分辨率卫星遥感数据，与地形和规划数据进行比对，发现和监管违法违规的建设活动，应用效果非常显著。住房和城乡建设部于 2009 年 7 月 28 日下发了办稽函［2009］648 号文件《关于开展利用卫星遥感技术辅助城乡规划督察工作的通知》，文件明确规定"利用卫星遥感技术周期性地观测，及时客观地发现国务院审批城市总体规划、国家风景名胜区总体规划和有关方面批准的历史文化名城保护规划执行中出现的问题，强化城乡规划督察工作效果"。虽然我国的遥感技术在城市规划管理中起步较晚，但进展较快，遥感图像、数据的应用日益广泛，依托于遥感技术的城市规划、管理系统日益完善，应用遥感技术服务于城市规划领域正在不断吸取国际经验教训，结合中国国情，向纵深、健康的方向发展。

2.3.3　遥感技术在城市规划中应用存在的问题

随着近年来遥感技术突飞猛进的发展，国内外遥感数据获取能力、遥感数据处理技术、遥感信息提取方法，以及在此基础上的遥感综合应用与应用部门服务都有了更大速度的进展。尤其在我国近五年来发射了一批面向资源、环境，以及城市、农林、环保等应用的高分小卫星，也加快了遥感数据获取与应用的步伐，这同时也促进了遥感信息处理与应用在城市规划中的应用。尽管如此，遥感技术在城市规划中的应用还存在一系列问题：

首先，城市规划编制中应用遥感数据及遥感技术尚处在初级阶段，多数只把遥感数据作为现状底图应用。遥感影像包含的大量光谱信息和变化信息并没有得到深刻挖掘。

其次，如何实现遥感影像与其他空间数据在城市规划编制中的集成应用是急需探讨的问题。遥感影像已经成为城市规划编制过程中了解现状和历史变化的主要信息源，需要进一步探讨如何集成应用包括遥感影像在内的多源空间信息数据，使其发挥更大的作用。

再次，针对城市规划编制的信息提取技术尚不完善。城市规划中关注的信息提取内容与土地利用和土地覆被研究、生态环境研究等都存在很大差别，目前普遍使用的基于多光谱数据分类的信息提取方法在提取城市规划相关信息时存在很多缺陷，需要针对不同层次城市规划编制的需求建立信息提取的分类体系、分类指标和提取方法。另外，基于多光谱的信息提取方法已经不能满足对城市细部特征的分析，需要针对高空间分辨率的影像，建立城市地物特征库（如道路、学校、机场等），探讨多种城市地物的信息提取方法（如基于形状特征、纹理特征的信息提取方法等）。

最后，遥感技术在不同领域的应用中发展了许多专业分析模型，例如植被指数模型、地表温度反演模型、生物量计算模型等。这些模型与方法在城市规划编制过程中可以解决生态环境特征分析、生态承载力评价等方面的问题。但如何准确合理地使用这些模型，使其真正能够提高分析结果的科学性，还是需要探讨的问题。

2.4 全球定位系统技术（GPS）在城市规划中的应用

全球定位系统（Global Position System，GPS）是利用多颗导航卫星的无线电信号，对地球表面某地点进行定位、报时或对地表移动物体进行导航的技术系统。

随着GPS动态定位技术的不断发展以及新型GPS接收机的不断推出，使得动态确定载体姿态的技术有了巨大发展，从而大大开拓了GPS在遥感中的应用领域。目前，GPS已与多种传感器（如合成孔径雷达、机载激光断面测量系统等）组合应用，极大地提高了这类传感器的定位与测量精度。

GPS在摄影测量与遥感中的应用归纳起来主要有如下三个方面：①GPS辅助航摄飞行导航，以实现精确定点航摄；②高精度动态像机定位，辅助空中三角测量；③与其他传感器组合，确定载体的位置、姿态、速度和加速度。近几年，国内外有关研究人员在上述几个方面的研究中已取得了突破性进展。其中最重要的第一项研究成果既解决了运动中载波相位模糊度这一难题，又克服了机载动态GPS应用的主要限制因素，极大地推动了GPS在摄影测量与遥感中的实际应用。GPS在遥感摄影测量方面的广泛应用，对土地利用规划无疑有巨大帮助。

GPS主要用于城市规划中的空间定位，并能辅助摄影测量和遥感测量。目前，GPS辅助的空中三角测量利用少量的几个控制点或仅利用一个控制点（基准站）即可取得厘米级的定位精度，完全可满足大、中比例尺的测图要求。GPS技术在交通规划中也已经得到广泛应用，可为规划编制提供准确的交通流量、流向数据。

2.5 虚拟现实（VR）和仿真技术在城市规划中的应用

虚拟现实（Virtual Reality，VR）是一种可以创建和体验虚拟世界（Virtual World）的计算机系统（刘学慧、吴恩华，1997）。虚拟现实是多种技术的综合，是集先进的计算机技术、传感与测量技术、仿真技术、微电子技术等为一体的综合集成技术。在计算机技术中，虚拟现实技术依赖于人工智能、图形学、网络、面向对象、人机交互和高性能计算机技术。

虚拟现实技术（VR）为多种真实世界的规划项目创建了虚拟环境，仿真数据库在多方面极大地帮助城市的改建、更新和开发过程。虚拟现实也是一种用户界面工具，用户不仅可以观察数据，而且可以与数据交互，虚拟现实是一种多技术、多学科相互渗透和集成的技术。

由于城市规划的关联性要求较高，城市规划一直是对全新的可视化技术需求最为迫切的领域之一。从整体规划到城市设计，在规划的各个阶段，通过对现状和未来的描绘（身临其境的城市感受、实时景观分析、建筑高度控制、多方案城市空间比较等），为改善人民生活环境，以及形成各具特色的城市风格提供了强有力的支持。规划决策者、规划设计者、城市建设管理者以及公众，在城市规划中扮演了不同的角色，有效的合作是保证城市规划最终成功的前提。

作为空间信息技术重要组成的VR技术，在城市规划领域具有非常重要的地位和应用价值。当前应用 VR 技术的目的主要有两个方面：其一是在规划方案形成阶段，让规划师在交互式三维视景中考察、讨论和修改规划方案；其二是在规划方案形成之后，通过 VR 模型充分表现规划方案，以便向评审者或公众展示规划方案，而其中又以第二种方式为主。目前，在我国城市设计方案审核过程中，主要是通过实体模型、渲染效果图或计算机制作的三维动画来考察其方案的视觉效果和与环境的协调关系，其中三维动画是随着计算机技术的发展，从 1992 年后在国内逐步开始应用的。但这些手段都存在或多或少的不足。例如，模型具有立体感强的特点，但无法以正常人的视点在环境中对景观进行分析评估。渲染效果图虽能表现正常视点的透视视觉效果，但只是离散、静止、个别的视觉效果，立体感不如模型。三维动画虽然具有较多的立体感和平滑的运动视觉效果，但它只提供固定的运动路线，无法让设计者和决策者通过人机交互界面随意设定视点、修改设计并进行讨论与研究。对于传统的三维预渲染回放的三维动画技术，规划师很难与三维场景交互，规划师想换个视觉角度或者高度来观察具体的规划设计成果，这几分钟的动画可能需要几天才能准备好，使用起来并不理想。

在城市规划与设计领域的虚拟现实技术应用中，我们经常称为城市景观仿真系统。对于城市设计者来说，城市景观仿真系统是一个极好的辅助工具，规划师和建筑师可以将他们的各种城市设计，如建筑设计与装修、市政设计（树种选择、街灯选择等）等，通过三维仿真，把已存在的景观和设计的景观结合在一起，在计算机里建造出虚拟的未来城市，我们可以实时地、可交互地从各种视角、从各种高度来观察新规划的建筑风格，以及它同周边环境的关系，随时更换设计方案，比较各种方案的实际效果。更进一步，可以戴上立体眼镜观看仿真效果；或戴上显示头盔（Head Mounted Display），利用"沉浸感"，沉浸于虚拟的城市中，感觉、评估设计效果。在观看的同时，我们可以通过人机交互界面实时地修改设计，从而为城市规划和建筑设计提供决策依据。

由于采用虚拟现实技术，规划设计方案与成果的表现形式非常直观和形象，使公众能更好地理解规划师的意图，公众可以直观了解规划设计方案和参与规划审批，通过各种方式与规划师、管理人员和其他有关人员进行对话，使公众参与更加有效，促进决策过程的民主化。

2.6　4D 产品及在城市规划中的应用

基础地理信息数字产品包括四种基本模式，数字高程模型（DEM）、数字正射影像图（DOM）、数字栅格地图（DRG）、数字线划地图（DLR）。这四种基本模式产品就是所谓的 4D 产品。

4D 产品是 RS、GIS、GPS 和计算机辅助制图技术系统一体化发展的结果。由数字栅格地图、数字正射影像图可以生产数字线划地图，由数字线划地图、数字正射影像图可以生产数字高程模型，由数字正射影像图可以生产数字栅格地图等。各种产品既可独立存在，又能相互补充与相关，除具有空间定位、距离、面积、体积量算等传统产品的功能外，还可以进行投影变换、比例尺缩放，其精度不会因时间、温度的变化而受影响等，这些都是常规模拟产品无法比拟的。

DEM 的应用是十分广泛的。可用于绘制等高线、坡度坡向图、立体透视图，生成正射影像、立体景观图，立体地图修测和地图的修测；在各种工程项目中，可用于计算面积、体积、制作各种剖面图和进行线路的设计；在军事上，可用于飞行体的导航、通信、战略计划等；在遥感中，可用于辅助分类；在环境与规划方面，可用于土地利用现状分析、规划设计和水灾险情预测等。

DOM 具有精度高、信息丰富、直观真实等优点，可作为背景控制信息，评价其他数据的精度、现实性和完整性；可从中提取自然资源和社会经济发展信息，为防治灾害和公共设施建设规划提供可靠依据；还可从中提取和派生新的信息，实现地图的修测更新。DOM 被广泛应用于城市规划设计、交通规划设计、城市绿地覆盖调查、城市建成区发展调查、风景名胜区规划、城市发展和生态环境调查与可持续发展研究等诸多方面。

DRG 可作为背景用于数据参照或修测其他地理相关信息，用于数字线划地图（DLG）的数据采集、评价和更新，还可以与数字地面高程（DEM）、数字正射影像图（DOM）等数据信息集成使用，派生出新的可视信息，从而提取、更新地图数据，绘制纸质地图。

DLG 满足地理信息系统进行各种空间分析的要求，被视为带有智能的数据。可方便快捷地进行数据选取和显示，与其他几种产品进行叠加，便于分析、决策。

"4D"产品既有对现有成果的继承、精简，也有对现有成果的丰富和发展。"4D"产品既改变了传统的地图成图工艺，减少了以往地图更新时所存在的机械、重复、繁琐的劳动，缩短了生产周期，又增加了地图的现势性和动态分析能力，丰富了地图的内容信息量和表达能力，提高了地图的使用效能，同时还推动了测绘技术、工艺方法的深层次更新与发展，其意义是非常深刻的。在近期确定的基础地理信息（1:10000，1:50000）更新与建库战略中，国家已决定以"4D"产品形式进行生产，并向社会提供。

"4D"产品构成了地理信息系统的基础数据框架，是其他信息的空间载体。在城市规划领域，"4D"产品已经在包括城市现状调查、城市发展趋势与问题分析、城市规划编制、规划实施调查与监管、规划项目审批、公众参与服务等诸多方面得到广泛应用，成为城市规划中必不可少的基础设施。

2.7 空间信息技术在城市规划中的应用前景

空间信息技术的发展，不断提供新的信息获取、处理、分析和利用手段，将在城市规划中得到日益广泛的应用，在更新城市规划的技术手段、提高工作效率、改变工作模式等方面发挥重要的作用。

（1）城市基本地形图更新

城市规划的基本条件就是大比例尺地形图，但传统的线划地图不仅建立周期长，更新困难，而且比较抽象，已经从原始信息中筛去了很多环境成分。"4D"产品是新一代测绘产品的标志，有着现势性强、更新速度快、信息含量丰富等优点，将转变传统地图的观念，加快数据更新，丰富表现手段，也是对传统测绘方法的现代化改造。

（2）现状调查与数据管理

城市规划的初始阶段就是现状调查，往往要耗费大量的人力、物力、财力，又难以做到实时、准确。运用 RS 技术可以迅速进行城市地形地貌、湖泊水系、绿化植被、景观资源、交通状况、土地利用、建筑分布的调查；运用 GIS 技术则能将大量的基础信息和专业信息进行数据建库，实现空间信息和属性信息的一体化管理与可视化表现，提供方便的信息查询和统计工具，克服 CAD 辅助制图的局限性。

（3）现状评价与空间分析

利用多个时期的航空遥感影像图进行城市用地变迁动态研究，结合数理统计方法进行城市重心移动、离散度、紧凑度和放射状指数等形态测度评价，利用叠加分析、缓冲区分析、拓扑分析等工具进行商业服务设施和中小学等公共设施的服务范围分析、交通可达性评价和建设条件适宜性评价，这有助于总结城市发展规律，发现存在的问题，增加空间分析的深刻性。

（4）交通调查与模拟分析

利用 GIS 进行城市交通小区出行分布的数据建库，可以对现状路网密度、出行距离和时间、交通可达性、公交服务半径进行合理性评价，结合专业软件能进行城市交通的规划预测、出行分布和流量分配，开展交通环境容量影响评价。利用遥感数据进行道路勘测设计，可以快速完成对路线所经区域的地形、地貌、河流、建筑以及交通网系的概要判读。利用虚拟现实技术和三库一体（影像数据库、矢量图形库、数字高程模型）技术可以进行道路方案的仿真表现和环境模拟，实现全方位、立体化、多层次的规划和评价新模式。

（5）方案评价与成果表现

针对规划方案，进行土地价格分布影响、土石方填挖平衡、房屋拆迁量计算等经济分析，结合专业模型进行城市外围用地建设适宜性评价、内部用地功能更新时序分析、发展方向与用地布局优化研究，可以预测和评价规划方案的社会效益和经济合理性。利用 GIS 的专题图丰富规划成果的表现形式。利用遥感、摄影测量和虚拟现实技术可以建立规划蓝图的动态模型，重现历史，展示未来，加强城市规划的宣传性。利用计算机网络可以进行规划方案的信息发布、网上公示、意见征集和动态查询，在互联网上开展公众参与，变闭门造车的传统模式为多方参与、重在过程的开放模式，提高城市规划的法律基础和群众基础。

（6）规划管理

基础信息和规划信息的集成建库将使规划设计与规划管理更紧密地结合起来，可以在 GIS 平台上开展电子报批和网上报批，提高指标核算的科学性，避免地区规划的前后矛盾和土地批租的"一女两嫁"。

（7）执法监察

3S 技术的集成促进了土地利用动态监测和规划执法检查，可以利用遥感卫星数据与历史数据进行复合分析，主动发现土地利用的变化靶区，用差分 GPS 技术精确测量土地利用的变化数据，再根据现场勘察资料，利用 GIS 技术进行准确详查，增加了监测的主动性、及时性和客观性。

21 世纪我国城市必将进一步迅速发展，随着城市现代化建设与管理的加强，各大中城市建立城市地理信息系统将是必然趋势。目前，北京、上海、广州等大城市均已提出建立数字城市的规划。3S 技术的发展与应用将推动数字城市规划技术从定性到定量的飞跃和理论从经验到科学的转变。

3 3S 导向城市规划设计空间数据基础设施标准研究

3.1 概述

在空间数据基础设施建设方面，包括我国在内的多个国家和组织已经开展了相关研究，并取得了丰富成果，在实践中得到广泛应用。建立空间数据基础设施的目的是为推动各种地理空间数据的不重复采集，减少浪费，协调地理空间数据的使用，加强对地理信息资源有效而经济的管理。

美国在 1993 年启动了国家信息基础设施（NII）建设后，1994 年美国总统克林顿又发布了 12906 号行政令，提出建立国家空间数据基础设施（NSDI）。在美国的带动下，多个国家和组织开始研究和建立各自的国家空间数据基础设施以及跨国家的地区性空间数据基础设施（RSDI）和全球空间数据基础设施（GSDI）。国际标准化组织（ISO）、电器和电子工程师协会（IEEE）、美国联邦地理数据委员会（Federal Geographical Data Committee, FGDC）、美国国家航空和宇宙航行局（NASA）、澳大利亚、新西兰、英国等开展了一系列的空间数据基础设施标准研究，先后发布、发表了 ISO/TC 211 系列、元数据标准白皮书、美国联邦地理数据委员会（FGDC）标准、DIF 标准、Dublin 元数据核心元素标准等一系列空间数据基础设施标准和研究。

我国对空间数据基础设施建设也十分重视。为适应信息化建设，我国先后颁布了《基础地理信息数字产品元数据》（CH/T 1007—2001）、《城市地理空间框架数据标准》（CJJ 103—2004）、《数据元和交换格式—信息交换—日期和时间表示法》（GB/T 7408—2005）、《地理信息元数据》（GB/T 19710—2005）《地球空间数据交换格式》（GB/T 17798—2007）等标准。

然而，与国际标准化工作相比，我国的空间数据基础设施标准还存在着相当大的差距。例如，缺乏理论研究、非结构化、没有标准体系表和参考模型；不同部门、不同时间立项研制的标准缺乏协调；标准内容涵盖的面尚不够广，比较多地偏重于数据分类、代码、图式符号等方面的标准制定工作，许多重要的、急需的标准尚未着手研制或尚未完成；标准本身质量参差不齐，缺乏统一的标准质量评价指标和方法等。

与国内其他领域相比，城市规划专业的空间数据基础设施标准建设还较为落后，目前已颁布和在编的相关标准仅有：《城市用地分类与规划建设用地标准》（GB 50137—2011）、《城市规划制图标准》（CJJ/T 97—2003）、《村镇规划标准》（GB 50188—2006）①、《城市规划数据标准》（住房和城乡建设部在编）、《城镇遥感信息应用技术规范》（住房和城乡建设部在编）。这些标准主要规定了城市规划数据的分类、编码、图形符号以及数据报告等内容，但

---

① 该标准已废止，演变为《镇规划标准》（GB 50188—2007）和在编的《村庄规划标准》。

对于空间数据的精度、数据共享所急需的元数据、数据交换等标准没有或未作出系统的研究。

虽然建设部颁布实施的《工程建设标准体系》（城乡规划、城镇建设、房屋建筑部分）中包括了城乡规划专业标准体系和信息应用技术专业标准体系等内容，但两个体系涵盖的标准内容还存在一些缺陷，如作为城市规划数据共享所必需的元数据标准并未纳入标准体系中；涉及数据精度的标准《建设领域应用信息数据质量与质量控制标准》，也仅作为通用标准列出，还不能满足城市规划设计层次的需求；有关数据库建库标准和数据交换等标准并未开始编制。目前，在编的《城市规划数据标准》其内容只是对城市规划法定的内容中空间数据的基础内容进行了规定，具体内容包括城市规划数据分类、编码、图式及数据质量等，其中数据质量是以数据报告的形式进行了规定，对于城市规划设计空间数据精度标准评判只具有指导意义。

构建城市规划空间设施标准包括城市规划设计空间数据标准体系框架结构的建立和标准体系内相关具体标准研究两部分内容。

城市规划设计空间数据标准体系框架结构的建立是构建完善合理的城市规划设计空间数据标准体系的基础，而该体系的建立是一个随着城市规划设计的需求和对城市规划设计的认识的深入以及信息技术的进步不断完善、不断补充、不断更新的过程。本书涉及的相关标准的研究内容如图3-1所示（图中以虚框标注部分为非本书研究内容）。

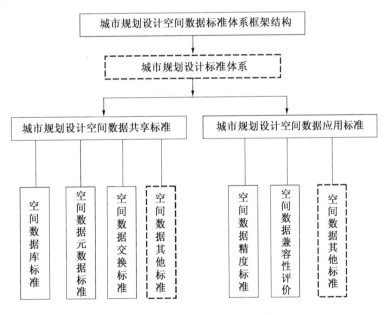

图 3-1 空间标准研究内容关系图

3.2 城市规划设计空间数据标准总体框架结构设计

3.2.1 标准体系框架结构概述

标准体系实质上是标准的逻辑组合，是为使标准化对象具备一定的功能和特征而进行的组合，而非各子系统功能的简单叠加。标准体系框架结构是建立标准体系的基础。科学合理的标准体系框架结构将最大限度地发挥各标准的作用，有效地避免标准体系中各标准间的重复与不协调。

标准体系直观的表现形式就是标准体系表，即将标准体系中的标准，按照一定形式排列起来的图表。前述一定范围可以是全国、行业、地区和企业，也可以是某具体的产品/服务/实验，各类相互关联的标准组成的有机系统。标准体系中各标准之间应做到相互联系、相互协调和相互适应，同时应该充分考虑到标准体系中各标准与其他相关标准体系标准间的关系。

标准体系框架是从标准体系表演变而来的。标准体系框架可简单地看做是标准体系表的结构性框架，主要是在对现有各级标准进行系统梳理与概略研究的基础上，确定分类依据，形成条理明确和层次清晰的标准明细表，以方便系统了解。

建立标准体系框架的作用主要有：

- 可以直观地描绘出一定范围内的标准化活动的发展蓝图；
- 能够系统地反映全局，有利于明确工作重点、发展方向；
- 有利于行业结合实际进行对照，从行业发展的战略高度明确方向、寻找不足；
- 有利于编制标准的制、修订计划，加快标准的制、修订速度，提高工作的系统性。

标准体系的框架结构可以分为二维结构和三维结构两种。二维结构的标准体系具有以下特点：

- 较为简洁的二维，标准体系中的各标准关系较为简单；
- 标准体系易于构建；
- 当标准要素错综交汇的时候，二维结构就不能准确地表达出每一个标准在框架中的定位，且相互间易发生干扰；
- 整个框架中标准的容量就比较小。

鉴于二维标准体系框架结构存在的问题，印度的魏尔曼根据标准具有对象、内容和级别三要素的特点，提出了三维的标准体系框架结构。

标准体系表三维结构的思想是结合三维空间的概念，在二维结构框架结构的基础上增加一维，在每一维结构中又增加小门类，延伸了结构的空间，大大地扩展了标准的存储容量，为标准体系的未来发展准备了广阔的空间，结构上体现了框架的先进性和科学性。

标准化三维空间将标准等级的提高、领域的扩大和内容的不断充实看做是一个发展的过程。三维标准体系空间结构中三个属性维都是相对独立的。它们之间相互结合而构成的立体区域就是标准体系的内容范围，(X, Y, Z) 坐标决定一个点，这个点在标准体系中一般是一个子体系，至于这个子体系有多大，这是由标准体系的复杂程度和框架的分解深度（X，Y，Z 的精确度）共同决定的。总的来说，各个维划分得越精细，其确定的范围也越小，得到的子体系的有序度也越高。可见，三维框架结构的标准体系具有以下特点：

- 标准体系容量大；
- 标准体系中各标准的位置和相互关系更加明晰；
- 空间结构相对复杂，需要对所涉及的标准体系的专业、层次、内容有着深入的研究和理解，才能构建一个相对科学合理的标准体系。

由上述两种结构的标准体系的对比可以看出，各有优缺点，因此，在选择标准体系框架结构时应充分考虑标准体系所涉及标准的复杂程度及实际需要，来采用三维或二维结构框架结构的标准体系。

3.2.2 现行城市规划设计空间数据标准体系存在的问题

城市规划设计专业目前没有单独的标准体系，其相关标准内容为城乡标准体系的子集。现行的城乡规划标准体系隶属于建设部于 2003 年 1 月 2 日颁布实施的《工程技术标准体系》（建标［2003］1 号），工程技术标准体系包括三个部分：城乡规划、城镇建设和房屋建筑，并进一步按照专业划分为城乡规划、城乡工程勘察测量、建筑施工质量与安全、信息技术应用等 17 个专业，按照层次划分为 3 个层次，分别为基础标准层、通用标准层和专用标准层。其框架结构为二维结构（图 3-2）。一维是按照标准的适用范围分为基础标准、通用标准和专用标准三个层次，另外一维是按照城市规划的业务内容分为城市规划设计、城市规划建设、城市管理等内容。

其存在的问题主要包括以下几个方面：

• 没有提出标准体系框架结构，后续标准如何变更与修改，成为该标准体系存在的一大问题。

• 标准间的重复：信息化标准体系中的图形、分类等基础标准不可能完全涵盖城市规划中所需的全部标准内容，如城镇体系规划中的城市图形表达与城市总体规划中的表达必然不同，因此不同层次的内容间如何协调，以避免重复，并没有在该标准体系中进行明确的说明。

• 专业空间数据标准与相关测绘、地理信息标准之间内容上不明晰，城市规划涉及大量的基础测绘及其他基础地理信息方面的内容，基础地理信息标准及其相关标准对于城市规划设计是否适用及使用的程度与层次等，在该标准体系中并未进行规定。

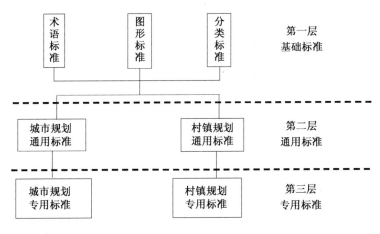

图 3-2 城乡规划技术标准体系示意图

3.2.3 现行相关标准体系框架结构

（1）测绘标准体系框架结构

2008年国家测绘局颁布实施的《测绘标准体系框架》从信息化测绘技术的发展需求出发，以数字化测绘技术体系下标准的构成为主体，兼顾传统测绘技术对标准的现实需要，测绘标准体系框架结构：分别以测绘数据的定义与描述、获取与处理、检验与测试、成果与服务、管理等业务流程为一维，并进一步以其中涉及的业务内容为一维建立的二维结构的标准体系，如图3-3所示。

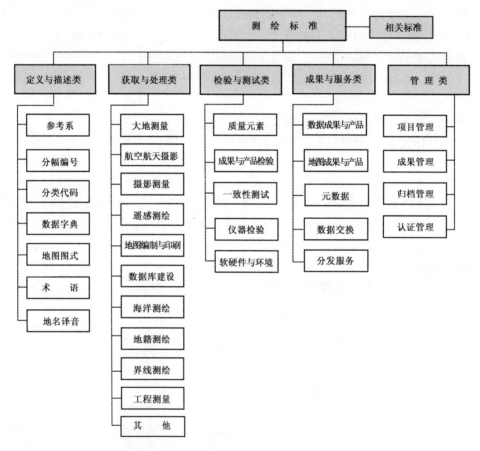

图3-3 测绘标准体系框架结构图

（2）风景园林标准体系框架

风景园林标准体系着眼于风景园林的规划、设计、施工、质量的全周期过程，建立了一套既适合国情，又符合国际惯例的风景园林标准体系框架，根据标准体系的内在联系特点和风景园林行业的具体特点，风景园林标准体系采用由专业门类、专业序列和层次构成的三维框架结构（图3-4）。

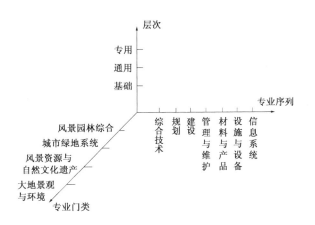

图 3-4 风景园林标准体系框架结构图

专业门类——与风景园林行业的政府职能和施政领域密切相关。反映了风景园林行业的主要对象、作用和目标，体现了风景园林行业的特色。

专业序列——为实现上述专业目标所采取的工程建设程序或技术装备类别，反映了国民经济领域所具有的共性特征。

层次——一定范围内一定数量的共性标准的集合，反映了各项标准间的内在联系。

上、下层次体现了标准与标准之间的主从关系，上层次的标准作为下一层次标准的共性提升，一般制约着下一层次的标准，下一层次标准是对上一层次标准内容进行细化或补充，应服从上一层次标准的规定而不得违背。层次的高低表明了标准在一定范围内的共性程度及覆盖面的大小。

（3）水利标准体系框架

水利部根据中共中央办公厅中办发 [2002] 17 号文件转发的《国家信息化领导小组关于我国电子政务建设指导意见》的精神提出了三维框架结构的水利信息化标准体系。标准体系结构的划分是一项非常复杂和难于界定的工作。它可以从应用的角度去划分，也可以按信息技术自身的属性去划分。根据水利信息化的实际情况，水利信息化标准框架采用按信息技术自身属性划分的方法，使其既不重复和交叉，通俗易懂，便于理解，又突出水利信息化的特点。水利信息化标准体系框架结构模型如图 3-5

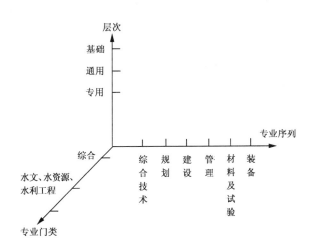

图 3-5 水利信息化标准体系结构模型示意图

所示。通过三维结构有效地解决了水利信息化标准体系中不同标准间的冲突与重复。

3.2.4　城市规划空间数据标准体系框架结构的确立

（1）城市规划设计门类及业务流程

要建立城市规划设计空间数据标准体系框架结构，除了要对现有的城市规划标准体系进行研究外，还要对城市规划设计所涉及的专业门类、空间数据内容以及这些空间数据在城市规划设计中的应用层级开展研究，理清城市规划设计空间数据间在应用层面的层次关系，这样才能提出更加科学合理的空间数据标准体系框架结构，以保证各标准间相互补充、相互协调，建立起适用于城市规划设计的空间数据标准体系。

城市规划设计的门类根据2008年1月1日起施行的《中华人民共和国城乡规划法》和2006年4月1日起施行的《城市规划编制办法》，包括城镇体系规划、城市总体规划和城市详细规划，城市详细规划分为控制性详细规划和修建性详细规划。其中，城市总体规划的设计"应当以全国城镇体系规划、省域城镇体系规划以及其他上层次法定规划为依据"（《城市规划编制办法》第二十一条），城市详细规划"应当依据已经依法批准的城市总体规划或分区规划"（《城市规划编制办法》第二十四条）。

其他法定专项规划包括历史文化名城保护规划、道路交通规划、绿地规划等。其中，历史文化名城保护规划是以《中华人民共和国文物保护法》和《中华人民共和国城乡规划法》等为法律依据，在城市总体规划的基础上，根据城市的历史价值、地理条件、民族特征、布局现状、建设需要和发展限度而作出的带有综合性的专题规划。这些规划的特点是既可以作为单独的规划项目编制，也常常作为城市总体规划等法定规划的一部分进行编制。

城市规划设计的基本业务流程一般可以划分为三个阶段。

●资料收集阶段

调研、收集城市规划编制所需的地形图、影像图、气象、工程地质、水文、社会经济等基础资料。

●信息提取与分析阶段

针对城市规划的目标，对收集整理的基础资料进行专题信息的提取，进行相关专题的分析。

●提交成果阶段

根据专题分析的成果，提出多个设计方案进行比对，最终提出规划设计方案。

（2）城市规划设计中的空间数据

城市规划设计中的空间数据就实体而言分为矢量数据、栅格数据、格网数据和TIN数据四类，由于在城市规划设计中格网数据和TIN数据往往不直接使用，因此本书中不对这两种数据进行探讨。矢量数据是以点、线、面表示的空间数据，如城市规划用地规划线画图、等高线等，矢量数据除以点、线、面为基础的数据实体外，还包括比例尺、图层等属性信息；栅格数据如遥感影像图、专题分析图等以像素点表示空间数据，除表示信息的像素点外，还包括分辨率、获取时间等属性信息。

就空间数据在城市规划设计业务流程中的阶段而言，在资料收集阶段所涉及的各种矢量数据和栅格数据共同构成了基础空间数据集,主要包括:地形图、影像图、现状土地利用图等未经信息提取与分析而直接获取的原始数据;在信息提取与分析阶段,空间数据体现为分析空间数据集,包括如坡度分布图、土地利用评价图等各种矢量和栅格空间数据的集合;在成果阶段,空间数据体现为成果空间数据集,包括各种用地规划图、道路规划图等空间数据的集合。

每个规划项目的数据集系列都可以归纳为基础空间数据集、分析空间数据集和成果空间数据集三个部分。

这三个方面中,空间数据实体是空间数据集和城市规划设计项目空间数据的基本元素,任何一个城市规划设计项目空间数据都是由基础空间数据集、分析空间数据集和规划方案空间数据集构成。

由此可以看出,城市规划设计空间数据从城市规划设计门类、业务流程、实体类型等方面体现为复杂多样的形式,从三维空间上可以清楚地看出三类数据之间的关系,见图3-6。

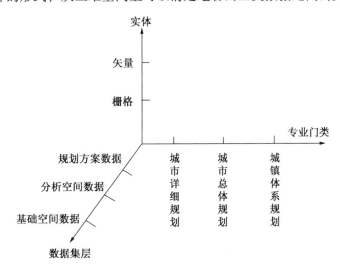

图3-6 不同类型城市规划空间数据的关系图

可见,城市规划设计空间数据之间体现为一种多维的多对多的关系,因此有效地处理好城市规划设计业务应用需求特点和各空间数据间复杂的关系,是在编制城市规划设计标准中避免重复、冲突与遗漏的一个关键因素。

满足城市规划设计业务流程是构建标准体系框架结构的原则之一。城市规划设计不同工作阶段应用的空间数据集依次是基础数据集、分析数据集和成果数据集;基础数据集、分析数据集、成果数据集是由矢量和栅格数据等空间数据组成的;而矢量和栅格数据是构成城市规划基础数据、分析数据、成果数据以及在此层次上的城镇体系规划、城市总体规划、城市详细规划等规划项目的基本构成空间要素。矢量数据和栅格数据分别由自身的几何要素和比例尺(分辨率)等相关属性构成。

由此,在本书的研究中将由原始的矢量和栅格数据构成的底层空间数据作为实体层,将由矢量和栅格数据组成的空间数据集合构成的基础数据集、分析数据集和成果数据集等空间数据层划分为数据集层，由基础数据集、分析数据集和成果数据集构成的城镇体系规划、城市总体规划、城市详细规划等空间数据划分为项目层。上述数据模型如图3-7所示。

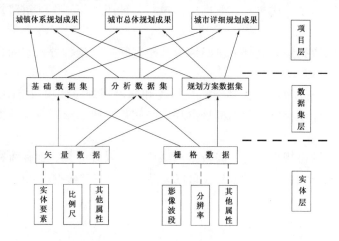

图 3-7 城市规划设计空间数据模型示意图

（3）城市规划设计空间数据标准体系框架结构的确立

城市规划设计空间数据标准体系框架结构的确立要遵循科学性、完整性、系统性、先进性、预见性和可扩充性的原则。

城市规划设计空间数据标准体系与国家测绘等标准体系的不同之处在于，国家测绘标准涉及的范围为基础地理信息内容，而城市规划设计空间数据标准体系与风景园林、水利信息化等标准体系相类似，是衔接基础地理信息标准与城市规划设计专业标准的"桥梁性"标准体系，其内容既涉及了城市规划设计的专业标准内容，同时也涉及基础地理信息标准内容，因此城市规划设计空间数据标准体系相对于城市规划设计专业标准体系与基础地理信息标准体系具有更加复杂的内容，相对简洁的二维标准体系框架结构，难免会造成其标准间的相互重复与冲突。

由于城市规划设计是城市规划业务领域中的一个子集，因此为保障城市规划设计空间数据标准体系与现有城市规划标准体系兼容，本研究提出在现有标准体系二维框架结构的基础上进行扩展，即增加了第三维：空间数据信息化维（图3-8）。

该框架结构具有以下优点。

● 系统性

突出了系统优化思想，标准的层级定位更加清晰。将城市规划设计标准分门别类地纳入相应的分层中，做到结构合理、层次清晰。通过体系标准的层级结构、数量比例和各要素之间的关系（相互协调、相互适应的关系），以及它们之间的合理组合，体现标准之间的衔接配套关系，提高标准系统的组织程度，更好地发挥综合效应。

● 全面性

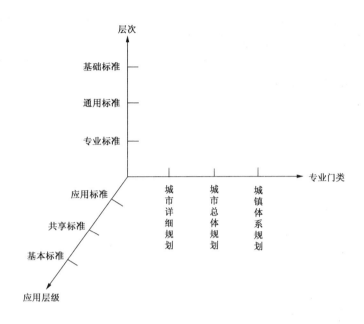

图 3-8 城市规划设计框架数据标准体系框架结构示意图

体系框架覆盖了城市规划设计空间数据标准信息化的各个方面，同时又以城市规划设计的业务内容为主线，突出了城市规划设计的业务特点，这些标准之间协调一致，互相配套，构成了一个完整全面的体系结构，基本能够反映行业的现有结构和特点。

● 可扩充性

体系框架采用三维结构，大大增加了城市规划设计空间数据标准体系的容量。

3.3 城市规划设计空间数据库标准研究

近年来，国土行业为配合国家的金土工程、土地调查等重大项目建立了一套较为完整的涵盖国土资源各专业的数据库标准体系，主要标准包括：《城镇地籍数据库标准》（GX1999003—2001）、《地质勘查规划数据库标准》、《地质勘查规划数据库建设规范》、《土地开发整理规划数据库标准》（金土工程试行）、《县（市）级土地利用规划数据库标准》、《县（市）级土地利用规划数据库标准》（试行）、《县级土地利用数据库标准》、《矿产资源规划数据库标准》（试行稿）、《基本农田数据库标准》（金土工程试行）、《数字地质图空间数据库》（DD 2006—06）。

林业行业也颁布实施了一系列的行业和地方标准，主要有：《数字林业标准与规范　第7部分　数据库建库标准》（LY/T 1662.7—2008）、《数字林业标准与规范　第9部分　数据库管理规范》（LY/T 1662.9—2008）、辽宁省的《数字林业　数据库　省级图像库建设技术规范》（DB21/T 1588—2008）、辽宁省的《数字林业　数据库　省级矢量图库建设技术规范》（DB21/T 1588—2008），此外，林业科学院也在林业科学数据中心试点项目中，研究编写了

《林业空间基底数据库加工处理技术规范》、《黄土高原典型生态区基础数据库技术规范》等。

城市规划行业关于数据库的标准研究与编制较为落后，只是近几年才颁布实施了个别地方数据库标准，这些标准集中在城市规划地理信息系统数据库建设方面，例如湖北省的《城市规划地理信息系统空间数据库标准》。

城市规划领域中空间数据库的建设目前在城市规划管理、实施与监管服务中较为广泛，而在规划编制领域处于基础的设计阶段。目前，城市规划设计中建立空间数据库进行管理的比例非常低，且空间数据标准不统一，各种数据仅限于项目级或单位级的按照标准进行管理，没有实现部门、行业甚至是跨行业的共享，城市规划设计空间数据实质上仍处于分散于各个信息孤岛的状态。

虽然一些规划设计单位已经建立了空间数据库来管理空间数据，但这些空间信息数据库都是针对特定地域，结合应用单位各自需求建立的，其建库标准也不相同。而且，目前城市规划设计往往注重过程分析及成果的提交，而忽略空间数据管理在规划设计过程中，以及在与城市规划后续阶段数据共享中的作用。因此，作为空间数据共享的关键标准之一的空间数据库标准的建立显得尤为重要。

城市规划设计空间数据库标准研究包括空间数据库要素分类与代码、数据库结构定义、数据文件命名规则等内容。

3.3.1　城市规划设计空间数据库要素分类与代码

城市规划设计空间数据库要素分类采用线分类法，这也是目前城市规划领域数据分类所采用的分类方法。根据分类编码通用原则，将城市规划设计空间数据库要素依次按一级、二级、三级类和要素类划分，分类代码采用 7 位数字层次码组成，其结构如表 3-1 所示。

城市规划设计空间数据库要素分类代码结构　　　　　　　　　　　表 3-1

×	× ×	× ×	× ×
I	I	I	I
一级码	二级码	三级码	要素码

各要素代码中如含有"其他"类，则该类代码直接设为"9"或"99"。

城市规划设计空间数据库要素的代码按照表 3-2 进行编制。

城市规划设计空间数据库要素代码　　　　　　　　　　　表 3-2

要素代码	要　素　名　称	
1000000	基础空间数据	
1010000		控制点
1020000		地形图

续表

要 素 代 码	要 素 名 称	
1030000		栅格数据
1040000		境界与政区
1050000		土地利用与用地现状
1060000		基础空间其他数据
2000000	分析空间数据	
2010000		地形分析
2020000		用地分析
2030000		景观生态分析
2040000		交通分析
2050000		水土流失分析
2060000		生态适宜性分析
2070000		工程地质分析
3000000	规划成果空间数据	
3010000		规划用地
3020000		规划制图要素
3030000		规划图
3030001		城镇体系规划
3030002		城市总体规划
3030003		城市详细规划
3030004		专项规划
3030099		其他规划
3040000		城市规划区划
3990000		其他

3.3.2　数据库结构定义

城市规划设计空间数据库结构定义包括空间要素分层、空间要素属性结构、空间要素属性值代码等内容。

（1）空间要素分层

城市规划设计空间数据库的空间要素分层包括：层名、层要素、几何特征、属性表名、说明等信息。

其中几何特征分为点（Point）、线（Line）、面（Polygon）、注记（Annotation）、图像

（Image）、表示高程的 Tin 六类，每一要素根据其汉语拼音大写缩写分别命名其属性表的表名，表 3-3 为空间要素分层的示例。

城市规划设计空间数据库空间要素分层示例表

表 3-3

序号	层名	层要素	几何特征	属性表名	说明
1	控制点	测量控制点	Point	CLKZD	
		遥感影像图纠正控制点	Point	YGJZKZD	
		测量控制点注记	Annotation	KZDZJ	
2	地形图	高程点	Point	GCD	
		等高线	Line	DGX	
		高程注记点	Point	GCZJD	
3	栅格数据	遥感影像图	Image	YGYXT	
		数字栅格地图	Image	SZSGDT	
		数字高程模型	Image/Tin	SZGCMX	
		其他栅格数据	Image	QTSGSJ	
4	行政区界	行政区	Polygon	XZQ	
		行政界线	Line	XZJX	
		行政要素注记	Annotation	XZZJ	
5	土地利用与用地现状	面状地物	Polygon	MZDW	
		线状地物	Line	XZDW	
		点状地物	Point	DZDW	
		地类界线	Line	DLJX	
		要素注记	Annotation	TDZJ	

（2）空间要素属性结构

城市规划设计空间数据库的空间要素属性包括以下内容：字段名称、字段代码、字段类型、字段长度、小数位数、值域、是否必填、备注。

其中备注是用来对数据属性在现有字段不便说明的信息在此项中进行说明，如属性数据的单位等。表 3-4 为空间要素属性结构示例样表，示例表中属性表名（YGYXT）与空间要素分层示例表中的"遥感影像图"属性表名对应。

遥感影像属性结构描述表（属性表名：YGYXT）　　　表 3-4

序号	字段名称	字段代码	字段类型	字段长度	小数位数	值域	是否必填	备注
1	标识码	BSM	Int	10		>0	是	
2	要素代码	YSDM	Char	10			是	
3	影像类别	YXLB	Int	3				
4	传感器类型	CGQLX	Int	3				
5	获取时间	HQSJ	Datatime	30				
6	几何分辨率	JHFBL	Float	6	1	>0		单位：m
7	波段数	BDS	Int	3		>0		
8	左上坐标: x	ZSZBX	Float	9	5	（-180，180）	是	单位：°
9	左上坐标: y	ZSZBY	Float	9	5	（-180，180）	是	单位：°
10	右下坐标: x	YXZBX	Float	9	5	（-180，180）	是	单位：°
11	右下坐标: y	YXZBY	Float	9	5	（-180，180）	是	单位：°
12	影像处理级别	CLJB	Int	2				

（3）空间要素属性值代码

属性值代码是对空间要素属性中相关字段值的枚举，如表 3-5 中的实例属性值代码与空间要素属性结构表中的"传感器类型"字段的值相对应。

影像类别代码表　　　表 3-5

代　码	影像类别	代　码	影像类别
100	航空影像	205	ASTER
101	彩红外影像	206	ETM
102	高光谱影像	207	中巴
103	数码相机影像	208	TM
200	航天影像	209	MSS
201	QUICK BURD	210	WORLD VIEW
202	IKONOS	211	EROS
203	SPOT	212	福卫
204	ALOS	999	其他

（4）数据文件命名规则

该部分研究的是在城市规划设计空间数据库中如何对空间数据文件进行命名。城市规划设计多是以一个或多个行政区划来进行规划设计的，因此本研究提出了数据文件的命名以行政区划为基础进行。其命名规则如图 3-9 所示。

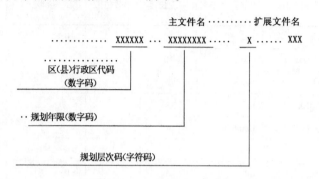

图 3-9 城市规划设计空间数据库数据文件命名规则

3.4 城市规划设计空间数据元数据标准研究

元数据就是"关于数据的数据"。元数据是说明数据内容、质量、状况和其他有关特征的背景信息，是使数据充分发挥作用的重要条件之一。元数据对于促进数据的管理、使用和共享均有重要的作用。

目前，国际上主要有欧洲标准化委员会（CEN/TC 287）、美国联邦地理数据委员会（FGDC）和国际标准化组织地理信息/地球信息技术委员会（ISO/TC211）三个组织在进行元数据标准的制定。此外，国内外还有许多机构根据需要制定了或正在制定具有自己特色的元数据标准，如：美国国家航空与航天局（NASA）的目录交换格式、澳大利亚和新西兰的元数据核心元素标准、美国国际地球科学信息网络中心（CIESIN）的元数据标准、英国 Dublin 的核心元数据标准、加拿大一般标准委员会（CGSB）的描述数字地理参考集的目录信息。这些标准在不同的范围内使用，在解决某些问题时有其各自的优势。

目前，国内各行业对元数据标准极为重视，在开展深入研究获得成果的基础上，相继颁布了国家元数据标准及多个行业元数据标准。主要空间数据元数据标准有：国家标准《地理信息元数据》（GB/T 19710—2005）、《地质信息元数据标准》（DD 2006—05）、《水利地理空间信息元数据标准》（SL 420—2007）、《国土资源信息核心元数据标准》（TD/T 1016—2003）等。

以上标准主要都是在国际标准《地理信息元数据》（ISO 19115：2003）的基础上，结合我国及行业实际需求，将其转化为符合我国国情的国家标准和行业标准，在标准编制上实现了与国际标准接轨。

城市规划设计空间数据元数据标准研究内容包括：城市规划设计空间数据元数据术语与定义、城市规划设计空间数据元数据的数据结构和内容，以及元数据扩展。

3.4.1 城市规划设计空间数据元数据的数据结构和内容

（1）城市规划设计空间数据元数据的数据结构

按照 ISO 国际标准 19115《地理信息元数据》中的规定，数据结构采用 UML 语言定义了五种：关联、聚合、组合、泛化和依赖。目前，国内外其他先进的元数据标准均采用这种模式进行数据结构定义。本标准研究在定义城市规划设计空间数据元数据的数据结构时直接采用上述五种关系定义数据结构。将城市规划设计空间数据按照数据集系列、数据集和实体的层次关系划分为以下三个层次：

● 城市规划设计应用层元数据：涉及不同层次城市规划设计的空间数据元数据，即城镇体系规划、城市总体规划、城市详细规划及其他专题规划的空间数据集信息说明。

● 城市规划设计中间层元数据：是构成各个不同层次城市规划的基础空间数据、分析结果空间数据和规划设计成果空间数据的相关说明数据，分析结果数据是以基础数据为基础通过相关的空间技术获得的城市规划设计的依据，成果数据是城市规划规划设计的最终体现。

● 城市规划设计基础层元数据：是城市规划设计各相关的具体空间数据说明，包括矢量数据元数据和栅格数据元数据。

（2）城市规划设计空间元数据构成

在国际标准《地理信息元数据》（ISO 19115：2003）规定的 14 个元数据包基础上，选取其中的 8 项内容作为本标准的研究内容。分别为：元数据信息、标识信息、数据质量信息、内容信息、空间参照信息、分发信息、引用信息和负责单位联系信息。其组成构成见图3-10。

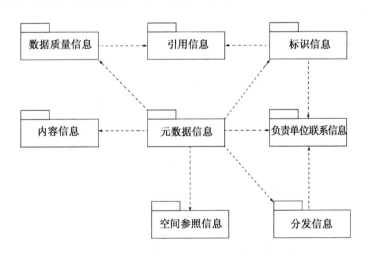

图 3-10 城市规划设计空间数据元数据组成示意图

城市规划设计空间数据元数据 8 个元数据子集（UML 包）的定义见表3-6。

在表3-6中元数据包（子集）在城市规划设计应用中并不是所有子集都为必须提供的信息。在城市规划设计空间元数据中元数据信息、标识信息、数据质量信息、内容信息、空间参照信息是必选子集，分发信息、引用信息和负责单位联系信息是可选子集。

城市规划设计空间数据元数据 表 3-6

序 号	包（子集）名	定 义
1	元数据信息	包含城市规划设计空间数据元数据的全部信息
2	标识信息	描述城市规划设计数据集的基本信息
3	数据质量信息	提供数据集数据质量总体评价信息
4	空间参照系信息	数据集使用的空间参照系的说明
5	内容信息	描述数据集的内容信息
6	分发信息	描述数据集分发者和获取数据的方法
7	引用信息	提供引用资料名称、日期等信息
8	负责单位联系信息	负责单位名称、职责、联系等信息

（3）元数据信息

该部分是城市规划设计空间数据元数据的根实体，其内容包括城市规划设计空间数据元数据的名称、创建时间、元数据标准名称、联系单位、标识信息、数据质量信息、内容信息、引用信息、空间参照信息以及分发消息等内容的总体说明。

其元数据实体的 UML 类图见图 3-11。

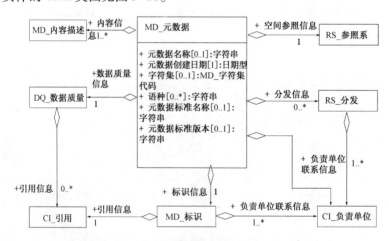

图 3-11 城市规划设计空间数据元数据信息 UML 类图

（4）标识信息

标识信息是对城市规划设计中所包含的专业及相关信息的基本描述，使城市规划设计空间数据的使用者对该元数据所描述的数据有一个初步的了解。

标识信息包括城市规划类别（如城镇体系规划、城市总体规划、城市详细规划及其他法定规划）、关于规划的摘要说明、规划所包括的各种成果数据、分析数据、基础数据以及规划编制单位的资质、联系信息等。标识信息 UML 类图见图 3-12。

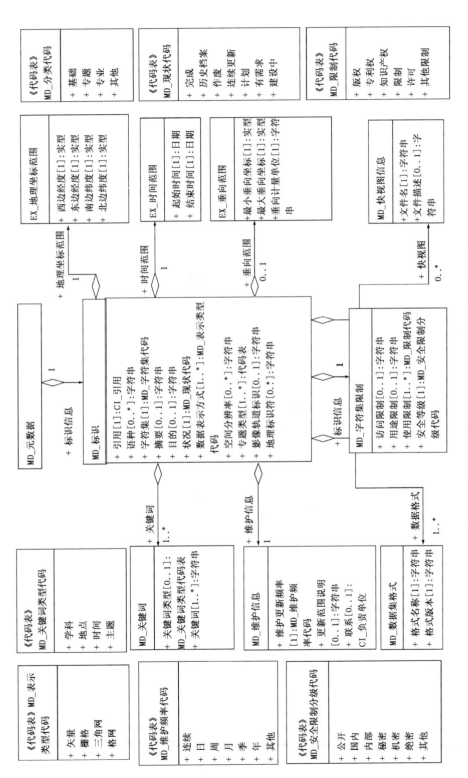

图3-12 城市规划设计空间数据标识信息UML类图

41

（5）数据集质量信息

数据集质量信息是城市规划设计空间数据集质量的总体评价，是元数据中的关键信息之一，是空间数据是否可以在城市规划设计中应用以及对应用效果进行评估的基础依据，它包括数据质量说明和数据志两部分内容，其中数据日志包括数据源和处理过程两方面的内容（图 3-13）。

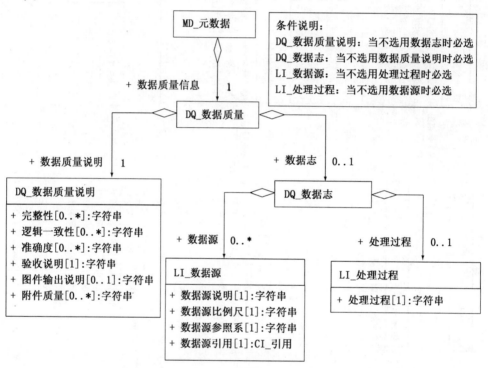

图 3-13 数据质量信息 UML 类图

3.4.2 元数据扩展

城市规划设计空间数据产品元数据的内容和结构，在大多数的情况下可以直接在上述标准中按元数据的约束/条件选择需要的元数据实体和元数据元素进行应用。当需要制定专用标准且所需要的元数据元素或实体在本标准中不存在时，可以按下列规定对标准实施扩展，从而保证城市规划设计空间数据的元数据可以随着技术的进步或根据不同的城市规划设计需要进行扩展。

（1）扩展类型

城市规划设计空间数据元数据可以增加新元数据子集、新元数据实体、新元数据元素；建立新代码表，代替现有值域为自由文本的元数据的域；扩展代码表，增加新代码数据项；对现有元数据元素实施更加严格的约束/条件；对现有元数据元素的域施加更多的限制。扩展的元数据实体可以包含扩展的和现有的元数据元素。

（2）扩展限制

城市规划设计空间数据元数据在进行扩展时不应用扩展的元数据元素来改变现有元数据元素的名称、定义；对现有元数据元素扩展时，不得将必选项变更为条件必选或可选项，不得将条件必选项变更为可选项，不得将代码表变更为自由文本；不得改变代码表中的已有代码。

（3）扩展原则

对于已经存在的元数据，可以通过扩展代码表对其值域增加限制，或者变更约束/条件施加更严格的限制。对于没有的元数据项，如果行业标准、国家标准或 ISO 标准中已经存在时，则从行业标准、国家标准、ISO 标准中选取合适的元数据项作为本标准的扩展；如果行业标准、国家标准、ISO 标准中也不存在该元数据时，则增加新的元数据。新扩展的元数据须按一致性测试条件进行测试。

3.5 空间数据交换标准

3.5.1 国内外主要空间数据交换标准

数据交换在计算机、电子政务等领域有着不同的定义。一般将电子数据交换（Electronic Data Internetchange）定义为将电子数据文件，通过网络等介质按标准的数据格式进行传输，并利用统一的语法规则对传输内容进行处理。空间数据交换在地理信息中目前主要有国际标准化组织（ISO）和美国地质调查局的定义。ISO 19118 定义数据交换（data interchange）为：数据的传输、接收和解译。美国地质调查局 SDTS 标准定义的数据传输（data transfer）为：数据通过介质从一点移到另一点的传送。

在数据交换领域中，没有标准的数据交换的代价是高昂的，相同的数据分析处理模块在很多应用中被重复地撰写，可能只是为了将某一数据源的数据转换到各个不同的目标数据源中去。由于没有中间标准，各个系统的实现人员也几乎没有可能将代码重用，昂贵的数据交换代价使得数据源只能散乱孤立地存在。

随着地理信息系统的发展，数据共享已越来越重要。由于空间数据模型的不同，空间数据的定义、表达和存储方式也不同，因而数据交换就不那么简单。空间数据交换标准主要有外部数据交换标准、空间数据互操作协议、空间数据共享平台和统一数据库接口。目前，外部数据交换标准仍然是实现数据共享的主流方式。

美国的数据传输标准（Spatial Data Transfer Standard，简称 SDTS）和国际标准化组织的《地理信息编码》（ISO 19118）影响最大，是一个比较完整和成功的标准，已经进入应用阶段。国际上的其他空间数据交换标准还有：俄罗斯的数字和电子地图转换标准（DEMITS），用于数字地图交换；DGIWG 的数字地理信息交换标准（DIGEST），在军事应用中与中小比例尺地理数据有关的数据交换；法国的地理信息与制图交换标准（EDIG），与中小比例尺地理数据民用有关的数据交换；以色列的以色列交换格式（IEF91），用于数字制图空间数据的交换；南非的数字式地理参考信息交换国家标准（NES），用于地理参考消息的交换；西班牙的地理信息交换标准（NOTIGEO），用于中小比例尺地形图制图；英国的中间转换格式（NTF），用于英国内部地理空间信息交换；澳大利亚的地理—几何数据交换接口（ONA226/1），用于澳大利亚有关的地理数据交换；加拿大的空间数据档案化和交换格式（SAIF），用于空间和时间数据共享；挪威的空间信息的协调方法（SDSI），用于挪威地理数据的交换；等等。

我国的空间数据交换标准目前主要有国家标准《中华人民共和国国家标准地球空间数据交换格式》（GB/T 17798—2007）、国土资源部建设用地报批备案数据交换标准。总体上国内的空间数据交换标准及相关研究还处于数据格式交换层次，而从《地理信息编码》（ISO 19118）标准和美国 SDTS 系列标准可以看出空间数据交换定义其交换标准至少应包括数据转换格式标准、转换规则和传输等三方面的内容才是完整意义上的空间数据转换标准，而国内的空间数据交换标准从严格的定义来讲是一种狭义的空间数据交换标准。

3.5.2 城市规划设计空间数据交换标准

数据转换的核心是数据格式的转换。基于数据通用交换标准的数据交换尽管在格式转换过程中增加了语义控制，但其核心仍是数据格式转换。一般数据格式转换采用以下三种方式：

- 直接转换——相关表。
- 直接转换——转换器。
- 基于空间数据转换标准的转换。

以国际标准《地理信息编码服务》（ISO/DIS 19118）中关于空间数据交换的相关规定为参照，结合城市规划设计空间数据交换中的目录级、数据集级的数据转换格式标准、转换规则进行研究。

首先，对于交换语言，选择 ISO 标准中普遍采用的 XML 语言，该语言是 OGC 的 GML 语言。XML 语言具有以下优势：

- 有一套标准定义规则，有标准的解析和查询工具可以处理 XML 数据。
- 有非常广泛可用的标准，提供了许多有用的编辑、查询、转换和表示数据的工具。
- 可以确保数据的完整性。XML 编辑器从内容和结果上验证文档是否符合定义良好的规则。
- 提供了可扩展性，可以用另外一种标记语言，如 GML 语言。
- 提供了一个正式的模式语言，便于阅读。

根据城市规划设计的业务特点，城市规划设计空间数据分为应用层空间数据、中间层空间数据、实体层空间数据，其中实体层空间数据矢量要素和栅格数据要素的格式转换在《中华人民共和国国家标准地球空间数据交换格式》（GB/T 17798—2007）中已作了相应的规定，因此不再作为本标准的研究内容。图 3-14 以应用层为例列出了交换空间数据的 XML 数据结构。

```
<?xml version="1.0" ?>
<!-- ============================================= -->
<!—城市规划设计空间数据 交换格式 -->
<!-- 2010年5月21日 -->
<!-- ============================================= -->
<xs:schema                                    xmlns:xs="http://www.w3.org/2001/XMLSchema"
            xmlns:msdata="urn:schemas-microsoft-com:xml-msdata">
  <!-- 定义约束，为字符串类型，长度为20 -->
  <xs:simpleType name="StringWidth20">
    <xs:restriction base="xs:string">
      <xs:minLength value="0" />
      <xs:maxLength value="20" />
    </xs:restriction>
  </xs:simpleType>
  <xs:element name="NewDataSet" msdata:IsDataSet="true" msdata:Locale="zh-CN">
    <xs:complexType>
      <xs:choice maxOccurs="unbounded">
        <!--   规划成果数据 -->
        <!-- 根元素定义 ApproveInfo 为表名称 -->
        <xs:element name="ApproveInfo">
          <xs:complexType>
            <xs:sequence>
              <!-- 元数据项定义 -->
              <!-- 项目编号 -->
              <xs:element name="proj_no" type="xs:string" minOccurs="0" />
              <!—项目名称 -->
              <xs:element name="approve_notion" type="xs:string" minOccurs="0" />
              <!—城镇体系规划级别—全国、省、市、县—>
              <xs:element name="approve_type" type="xs:string" minOccurs="0" />
                <!—编制行政区划 -->
                <xs:element name="appr_place" type="xs:string" minOccurs="0" />
                <!—规划时间期限 -->
                <xs:element name="appr_year " type="xs: dateTime" minOccurs="0" />
                <!—编制单位 -->
                <xs:element name="appr_no" type="xs:string" minOccurs="0" />
                <!—编制时间 -->
              <xs:element name="app_date" type="xs: dateTime" minOccurs="0" />
                <!—规划区面积 -->
              <xs:element name="appr_area" type="xs:decimal" minOccurs="0" />
            </xs:sequence>
          </xs:complexType>
        </xs:element>
  </xs:element>
```

图 3-14　应用层交换空间数据 XML 数据结构

3.6　城市规划设计空间数据精度标准及兼容性评价

3.6.1　城市规划设计空间数据精度标准

　　空间数据精度在自然科学领域有着严格的精度标准，如基础地形图测绘、地理空间定位等。城市规划作为一个跨越社会科学和自然科学的学科，在空间数据精度标准上有着自身的特殊性。

　　由于城市规划解决问题的方向和专业特点的特殊性，在应用过程中，城市规划设计工作者都希望获得现时的、完整而准确的数据。同一层次不同的城市规划对数据的精度、完整性以及其他方面的要求是不同的，即便在同一规划项目中，不同的专题分析对空间数据的精度要求也不相同。所以很难完全按照国内常规地理信息科学中的方法以某种数据阀值来确定统一的精度标准。

随着我国城市化进程的加快，科学发展与可持续发展日益成为城市规划中的主体，空间信息的标准化在城市规划设计中的作用也逐步被认识到。而城市规划设计空间数据精度的标准除城市规划制图标准外，只是零星地在各城市规划专业标准中进行了规定，无系统性，其他相关研究也基本属于空白。为此，可以借鉴国际标准 ISO 19100 系列标准中关于空间数据精度的标准来对城市规划设计空间数据标准进行研究，内容包括基础空间数据精度、专题分析空间数据精度、成果空间数据精度以及空间数据数据志要求。以基础空间数据精度为例，其内容如表3-7所示。

城市规划设计基础空间数据精度内容 表3-7

空间数据精度元素	空间数据精度子元素	精度范围
完整性	完整性	存在覆盖规划范围
	数据缺失	缺少应有的数据
	目标完整性	相同比例尺、相同数据源，整体上覆盖规划范围 存在不同区域、不同比例尺、不同生产年代的，覆盖了规划区的数据，并满足特定城市规划项目的要求
逻辑一致性	概念一致性	不同种类规划有符合规定的相适应比例尺（分辨率）的基础空间数据。
	值域一致性	有经过比例尺放大（缩小）后适合使用的基础空间数据
	坐标系统和投影的一致性	不同的数据源采用（或转换到）同一个坐标系统和投影
	格式一致性	数据存储与数据集物理结构、规定格式的一致性程度
	拓扑一致性	数据集逻辑特征和拓扑关系的正确性
位置精度	绝对精度	数据集坐标值与可接受的值或真值之间的接近程度
	相对精度	数据集中要素相关位置与各自对应的、可接受的相关位置或真值之间的接近程度
	格网数据位置精度	格网数据起始单元位置的值与可接受的值或真值之间的接近程度，分辨率大小
	比例尺一致性	在进行不同区域基础数据拼接中，大比例尺通过缩小达到与相邻图幅比例尺一致。 小比例尺放大使用，满足特定城市规划设计项目要求

空间数据 精度元素	空间数据精度子元素	精度范围
时间精度	时间量测精度	使用时间参照系统的正确性
	时间的一致性	空间数据的时间序列一致 空间数据时间序列存在差别，但满足特定城市规划项目的要求
	时间的有效性	数据在时间上的有效性。 在部分时间上无效，但满足城市规划项目的要求
专题属性精度	栅格精度	栅格地形图精度与规划要求的一致性
	矢量化制图精度	扫描矢量化精度与规划要求的一致性
	定量属性的正确性	空间数据与国家标准、行业标准和地方标准的一致性；或当存在不一致， 但满足特定城市规划项目的要求

3.6.2 城市规划空间数据兼容性评价方法

关于兼容性的定义在不同应用领域各不相同，城市规划设计空间数据的兼容性应该包括两方面的内容：数据间的兼容性、数据与城市规划设计项目需求间的兼容性。

城市规划空间数据兼容性评价方法可分为直接评价法和间接评价法。

（1）直接评价法

直接评价法可通过将数据与参照信息对比确定数据质量。直接评价法可分为内部评价与外部评价。内部评价的所有数据都是被评价城市规划项目数据集内部的；外部评价需要参考城市规划项目数据集以外的数据。直接评价法宜采用下列方式评价数据质量：

●完全检查评价：按照数据精度范围确定的全部检查项目测试每一个检查项，形成质量报告。

●抽样检查评价：在测试总体中检测足够数量的检查项，获得数据兼容性评价结果，形成质量报告。

（2）间接评价法

间接评价法可在直接评价法不能使用时采用。间接评价法可采用以下方式评价数据兼容性，并形成描述性数据质量报告：

●使用数据日志评价城市规划设计空间数据集。

●在城市规划设计特定的目标下，使用城市规划数据集的信息记录，根据数据记录中生产和使用的情况判断空间数据精度是否与城市规划设计需求兼容。

●采用被评价城市规划项目数据集之外的知识或数据进行评价。

城市规划设计空间数据兼容性评价按表3-8所示的步骤进行。

城市规划设计空间数据兼容性评价以评价报告的形式提交评价结果，报告内容见表3-9。

城市规划设计空间数据兼容性评价步骤   表 3-8

步骤	操作	说　明
1	确定可应用的数据精度元素、数据精度子元素和数据精度范围	根据城市规划设计的要求确定要检查的数据精度元素、数据精度子元素和数据精度范围
2	确定数据兼容性度量方法	为每一项检查确定数据兼容性度量方法
3	选择和应用数据兼容性评价方法	为确定的每种数据兼容性度量方法选择数据兼容性评价方法
4	确定数据兼容性评价结果	定量的数据兼容性评价结果、一个或一组数据兼容性值、数据兼容性值单位和日期是所应用评价方法的输出结果
5	确定兼容性	根据城市规划设计的需求确定城市规划设计空间数据的兼容程度

城市规划设计空间数据兼容性评价报告项目   表 3-9

编号	报告项目	项　目　内　容	条　件
1	兼容性评价报告	城市规划设计框架数据兼容性评价报告	必选
2	报告标识	报告名称	必选
3	报告范围	报告中评价的数据集内容	必选
4	数据描述	本报告进行评价数据的描述：数据源名称、覆盖范围、依据标准规范、比例尺、时间、数据类型、数据来源、所有权、所有（提供）者信息、限制信息	必选
5	评价依据	城市规划设计需求目标、标准规范、主观评价	必选
6	数据兼容性评价内容和描述	对参与兼容性评价的内容进行说明	必选
7	评价方法描述	评价方法描述：依据国家标准；或综合评价、抽样评价、间接评价、综述和用户自评价	必选
8	评价方法参数设置	评价中使用的参数数据：参数的定义、参数值、参数值的计量单位和取值范围	可选
9	抽样方法及过程描述	抽样方法、内容、过程、抽样、分析计算、结果	使用抽样方法时必选
10	数据综合兼容性评价结论	兼容、不兼容或兼容程度	必选
11	评价单位（人员）信息	包括对评价单位（个人）的地址、联系方式等信息进行说明	必选

4 空间分析应用模型研究

4.1 空间分析概述

空间分析的定义有两种表现形式：空间数据的分析和数据的空间分析。前者注重空间物体和现象的非空间特征分析，如城市经济发展类型的聚类分析，它并不将空间位置作为限制因素加以考虑，从这个意义上说，它与一般的统计分析并无本质区别，但对数据的分析依托于空间位置进行，对空间数据分析结果常用地图的形式加以表达和解释。后者直接从空间物体的空间位置、联系等方面去研究空间事物，对空间事物作出定量的描述和分析，它需要复杂的数学工具，如计算方法、数理统计方法、图论、分形、拓扑学等，主要任务是空间构成的描述和分析。

空间分析模型是在空间数据基础上建立起来的空间模型，是分析型和辅助决策型地理信息系统区别于管理型地理信息系统的一个重要特征，是空间数据综合分析和应用的主要实现手段，是联系地理信息应用系统与专业领域的纽带。空间分析模型与一般的空间模型既有区别又有联系。特征主要表现在（胡鹏等，2001）：

- 空间定位是空间分析模型特有的特征，构成空间分析模型的空间目标（点、线、面、网络、复杂地物等）的多样性决定了空间分析模型建立的复杂性；
- 空间关系也是空间分析模型的一个重要特征，空间层次关系、相邻关系及空间目标的拓扑关系决定了空间分析模型的特殊性；
- 包括笛卡尔坐标、高程、属性以及时序特征的空间数据极其庞大，大量的数据构成的空间分析模型也具有了可视化的图形特征；
- 空间分析模型不是一个独立的模型实体，它与广义模型中的抽象模型的定义是交叉的。地理信息系统要求完全精确地表达地理环境间复杂的空间关系，因而常用数学模型。

本研究主要是针对城市规划设计的业务需求，收集、分析、整理适用于城市规划设计，能够解决城市规划编制中遇到的专业问题，提供空间分析和辅助决策帮助的空间分析应用模型，并将这些空间分析模型进行面向规划编制人员的语义解释，形成具有分析功能的课题成果软件，以工具形式提供给规划编制人员。

城市规划编制的业务范围涵盖多种尺度，涉及不同类型。不同类型的规划编制的目的和具体任务各不相同。目前，城市规划编制中应用的空间分析模型来源不一（有城市规划专业本身的分析模型，也有其他专业的分析模型）、尺度差别很大（从全国、区域到中心城区）。如何根据规划项目需求和特点选择合适的空间分析模型，满足对分析过程和分析结果高效性、系统性和科学性的要求是本研究面临的问题。

因此，本研究针对空间分析模型的研究集中在以下几个方面：通过收集、分析、整理适用于城市规划编制的空间分析模型，建立针对不同尺度与类型规划编制的空间分析模型集合，集合内的模型涉及规划编制中的多种专题分析方向，符合相应规划的尺度与分析任务需求；针对选取的空间分析模型，对其在规划编制中完成的分析内容、输入参数、输出结果进行探讨，面向软件开发进行功能设计。

空间分析模型的研究成果将为规划编制人员进行专题分析提供有力参考，并为规划辅助分析软件的开发提供依据。有效提高城乡规划编制的效率、精确度和科学性。

4.2 空间分析模型选取

4.2.1 模型选取原则

对空间分析模型的选择应遵循以下原则：

●实用性：选择在城乡规划工作中具有实际应用价值，具有辅助决策功能，能够科学、实用、高效地解决城乡规划中遇到的问题的模型，以提高城乡规划的工作效率和规划成果的科学性。

●成熟性：通过对国内外研究成果、应用实例和文献资料的调研，选择经过广泛验证，成熟实用的应用模型。

●适用性：尽量选择经过验证，广泛适用于不同地域、不同环境要求的模型。模型的选择要针对相应的规划尺度和分析内容。

●客观性：选择主观干预少的模型。即尽量避免需要用户过多确定权重、指标的模型。

●易于软件开发：选择便于软件开发的分析模型，尽量避免理论模型和繁杂的过程模型。

4.2.2 选取过程

空间分析模型的选取过程应经过以下步骤。

（1）需求分析

分别针对城镇体系规划、城市总体规划、城市设计和城市详细规划，分析规划编制工作的主要内容、专业特点和业务流程，分析3S、虚拟现实与仿真技术和4D产品在规划编制中的应用范围，及城市规划编制对空间分析模型和辅助决策功能的需求。

（2）模型选择

根据需求分析的结果，针对规划编制过程中对某一类空间分析的需求，收集相关空间分析模型。按照科学性、成熟性、实用性的原则对模型进行筛选，建立面向不同层次和类型城市规划编制需求的空间分析模型集合。

（3）模型分析

针对选取的每一个模型，详细分析模型来源、用途、应用范围、空间尺度特征、输入与输出要求等，选择针对规划专业问题最合适的空间分析模型。

（4）模型实践应用

选取不同类型的具体规划项目，应用相应的空间分析模型进行分析和辅助决策，对模型的实用性和使用效果进行检验。

在模型研究过程中，课题组参与了大量规划编制项目，结合实际项目需求对模型的实用性和科学性进行了检验。实践涵盖不同尺度、不同类型的规划编制项目。例如，在城镇体系规划层面，参与了大兴安岭地区旅游城镇体系规划、新疆新型城镇化战略研究、石家庄城市空间战略规划（区域尺度）等项目；在城市总体规划层面，参与了青海黄南藏族自治州热贡文化生态保护实验区总体规划、石家庄城市空间战略规划（城区尺度）、重庆空港地区总体规划、桐城历史文化名城保护规划等项目；在城市设计和详细规划层面，参与了杭州中央商务区钱江新城规划、北京中央商务区东扩等项目。

4.3 城镇体系规划的空间分析模型

城镇体系规划（urban system planning），是在一定地域范围内，合理组织城镇体系内各城镇之间、城镇与所属体系之间及与外部环境之间的各种经济、社会等方面的相互联系，运用现代系统理论与方法研究体系的整体效益的城市规划（顾朝林，2005），是我国的法定规划。

城镇体系规划的任务是：综合评价城镇发展条件；制订区域城镇发展战略；预测区域人口增长和城市化水平；拟定各相关城镇的发展方向与规模；协调城镇发展与产业配置的时空关系；统筹安排区域基础设施和社会设施；引导和控制区域城镇的合理发展与布局；指导城市总体规划的编制。

城镇体系规划一般应当包括下列内容：

- 综合评价区域与城市的发展和开发建设条件；
- 预测区域人口增长，确定城市化目标；
- 确定本区域的城镇发展战略，划分城市经济区；
- 提出城镇体系的功能结构和城镇分工；
- 确定城镇体系的等级和规模结构；
- 确定城镇体系的空间布局；
- 统筹安排区域基础设施、社会设施；
- 确定保护区域生态环境、自然和人文景观以及历史文化遗产的原则和措施；
- 确定各时期重点发展的城镇，提出近期重点发展城镇的规划建议；
- 提出实施规划的政策和措施。

（1）城镇发展条件综合评价模型

采用层次分析法对城镇发展条件进行综合评价。层次分析法（Analytical Hierarchy Process，简称 AHP）是美国运筹学家萨蒂（Saaty TL）于 20 世纪 70 年代提出的一种定性方法与定量分析方法相结合的多目标决策分析方法。这种分析方法的特点是将分析人员的经验判断给予量化，对目标（因素）结构复杂且缺乏必要数据的情况更为实用，是目前系统工程处理定性与定量相结合问题的比较简单易行且又行之有效的一种系统分析方法。该法首先应用于能源问题，近年来在环境评价中也得到应用。

层次分析法是通过分析复杂问题所包含的因素及其相互关系，将问题分解为不同的要素，并将这些要素归并为不同的层次，从而形成多层次结构，在每一层次可按某一规定准则对该层元素进行逐对比较，建立判断矩阵。通过计算判断矩阵的最大特征值及对应的正交化特征向量，得出该层要素对于准则的权重。

图4-1显示的是在新疆新型城镇化战略研究中，通过多因子层次分析法，综合考虑社会经济、交通区位、生态条件、资源条件以及政策因素，进行城镇发展条件的定量评价。进而基于各区域的发展目标，根据地区的现状城乡空间关系、区域土地与水资源条件、发展动力条件、民族分布特征等因素来确定城镇化分区，制定差异化政策，选择不同的城镇化模式。

（2）密度分析模型

密度制图主要是根据输入的已知点要素的数值及其分布，来计算整个区域的数据分布状况，从而产生一个连续的表面。它主要是基于点数据生成的，以每个待计算格网点为中心，进行环形区域的搜寻，进而来计算每个格网点的密度值。

利用密度制图可以通过密度表面显示点的聚集情形，例如可以制作人口密度图反映城市人口聚集情况，或根据污染源数据来分析城市污染的分布情况。密度制图从本质上讲，是一个通过离散采样点进行表面内插的过程，根据内插原理的不同，可以分为核函数密度制图（Kernal）和简单密度制图（Simple）。

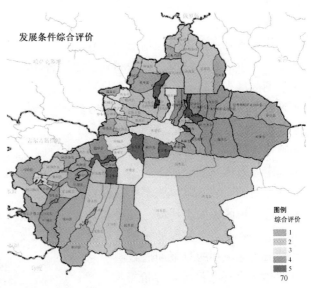

一级指标	二级指标	评价因子
社会经济	经济	人均GDP
		财政收入
	社会	城镇化水平
		城镇规模
区位条件	交通	道路交通
		铁路交通
		航空
	口岸	口岸等级
	经济区	都市圈内外
生态条件	绿洲	绿洲面积
	水资源	水资源可供给量
资源条件	矿产资源	现状矿产经济效益
		主要矿产储量
	文化资源	历史文化名城
政策条件	扶贫政策	重点扶持地区

图4-1 新疆县市发展条件综合评价

核函数密度制图：在核函数密度制图中，落入搜索区内的点具有不同的权重，靠近格网搜寻区域中心的点或线会被赋予较大的权重，随着其与格网中心距离的加大权重降低。它的计算结果分布较平滑。

简单密度制图：在简单密度制图中，落在搜寻区域内的点或线有同样的权重，先对其进行求和，然后用其合计总数除以搜索区域的大小，从而得到每个点的密度值。图4-2和图4-3是在石家庄城市空间战略规划编制过程中，应用密度分析模型对京津冀地区城市 GDP 进行空间分布模拟，并进行变化分析。

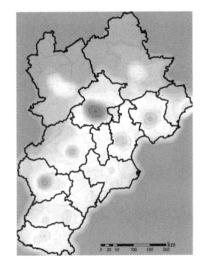 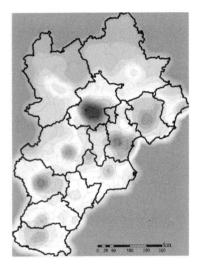

图4-2　京津冀地区 2002 年　　　　图4-3　京津冀地区 2007 年
地均 GDP 密度　　　　　　　　　地均 GDP 密度

（3）空间自相关分析模型

空间自相关是研究在一定空间范围内某空间单元与周围单元间就某种特征值，透过统计方法，进行空间自相关性程度的计算，以分析其在空间上分布现象的特性。

通常需要计算两类空间自相关系数：一是全局空间自相关系数，主要探索属性值在整个区域的空间分布特征，常用的自相关系数有 Moran's I 和 Geary's C；二是局域空间自相关，主要探索属性值在子区域上的空间分布格局或空间异质性，常用的有局域 Moran's I 和局域 Geary's C。

全局和局域的 Moran's I 指数计算公式如下：

$$I_{全} = \frac{n \sum\limits_{i}^{n} \sum\limits_{j \neq i}^{n} W_{ij}(x_i - \bar{x})(x_j - \bar{x})}{\sum\limits_{i}^{n} \sum\limits_{j \neq i}^{n} W_{ij} \sum\limits_{i}^{n}(x_i - \bar{x})^2};$$

$$I_{局} = \left[\frac{x_i - \bar{x}}{\sum\limits_{j \neq i}^{n} x_j^2/(n-1) - \bar{x}^2} \right] \times \sum\limits_{j=1}^{n} W_{ij}(x_j - \bar{x})$$

在石家庄战略规划中应用空间自相关模型，对京津冀地区的经济热点进行分析。分析结果如图 4-4 所示。

（4）重心模型

城市几何中心是城市各项用地的平均中心，是建成区几何形状的形心，也是数理统计上的抽象概念，反映了城市地理上的中心位置。

几何中心是一个几何形状的形心。对于点状分布而言，是所有点的平均中心，又叫分布重心；对于面状分布而言，既要考虑点数，又要考虑各点的实际大小和所代表的质量意义。公式如下：

$$X = \sum \left(X_i A_i / \sum A_i \right)$$
$$Y = \sum \left(Y_i A_i / \sum A_i \right)$$
$$A \text{ 为面积，} X \text{、} Y \text{ 为坐标，}$$
$$i = 1, 2, \cdots, n$$

重心移动轨迹与重心移动分析：城市几何中心随建成区范围的扩大和形状的变化而变化，功能重心随着城市建设的扩展和功能布局的变化而变化。进行城市各个时期几何中心与功能重心空间移动的对比分析，有助于揭示城市空间增长的方向性规律，科学评价功能重心与几何中心之间、不同功能重心之间的关系。

图 4-5 为应用重力模型分析京津冀地区固定资产投资总量和增速的重心在 2002～2007 年间的变化情况。

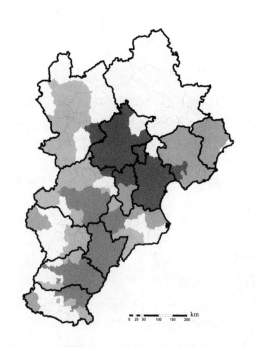

图 4-4　京津冀地区 2007 年 GDP 热点分析

图 4-5　京津冀地区固定资产投资重心变化分析

（5）吸引力分析模型

区域经济联系量是用来衡量区域间经济联系强度的指标，或称空间相互作用量，既能反映经济中心城市对周围地区的辐射能力，也能反映周围地区对经济中心辐射能力的接受程度。区域经济联系量有绝对经济联系量和相对经济联系量之分，绝对经济联系量是指某经济中心对某低级经济中心经济辐射能力或潜在的联系强度大小；相对经济联系量是在绝对联系的基础上，结合低级经济中心本身的接受能力，并比较其在区域内所有同级经济中心中条件的相对优劣来确定的。在对绝对经济联系量的测算中引力模型是常用的方法，采用时间距离修正引力模型，其表达式为：

$$R_{ij} = (\sqrt{P_i G_i} \times \sqrt{P_j G_j}) D_{ij}^2$$

式中：R_{ij}为i、j地区间的经济联系强度；P_i、P_j为i、j地区的人口数量；G_i、G_j为i、j地区的国内生产总值；D_{ij}为i、j两地区间基于道路网络最短路径的旅行时间。

在引力模型的基础上测算每个地区与其他所有地区的经济联系量之和，即为该地区的对外经济联系总量，表达式为：

$$R_i = \sum_{j=1}^{n} R_{ij}$$

式中：R_i为i地区的对外经济联系总量，反映该地区对其他地区经济联系强弱的疏密程度。

应用吸引力模型对京津冀地区主要城市间的经济联系强度进行了分析，并对2002年和2007年两个年度的模拟结果进行了对比，如图4-6、图4-7所示。

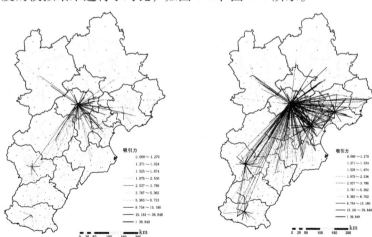

图4-6 京津冀地区2002年城镇吸引力分析　　图4-7 京津冀地区2007年城镇吸引力分析

在区域社会经济统计数据及行政区划图的基础上，通过"集聚区域空间演变分析"、"空间自相关分析（热点分析）"、"几何重心变化轨迹分析"、"城镇联系强度分析"等空间分析及传统空间表达，解析了京津冀区域内社会经济属性的区域分布特征及演变规律，为认识京津冀区域结构、确定石家庄的区域地位、构建合理的职能框架提供支撑。

（6）植被指数模型

运用遥感影像的红外和近红外波段数据，计算区域植被指数，分析植被生长状况。植被指数是可以监测地表植被状况的定量指标。通过计算植被指数可以知道区域植被的空间分布状况、植被的长势以及不同时期上述两项指标的变化情况（表4-1）。

植被指数计算模型 表4-1

指数名称	计算公式	指数特征	
比值植被指数（RVI）	$RVI = \dfrac{IR}{R}$	缺点是对大气影响敏感，而且当植被覆盖不够浓密时（小于50%），其分辨能力也很弱	IR 是像元在近红外区的反射值，R 是像元在红光区的反射值
差值植被指数（DVI）	$DVI = IR - R$	噪声较大，表现植被空间分布的效果较差	
归一化植被指数（NDVI）	$NDVI = \dfrac{(IR-R)}{(IR+R)}$	值域为 $-1 \sim 1$，正值的增加表示绿色植被的增加；负值表示无植被覆盖，如水体、冰雪等	

在桐城历史文化名城保护规划中运用归一化植被（NDVI）指数模型，分析了桐城周边近20年间植被变化的情况。为分析桐城周边生态环境现状与发展演变趋势提供参考（图4-8）。

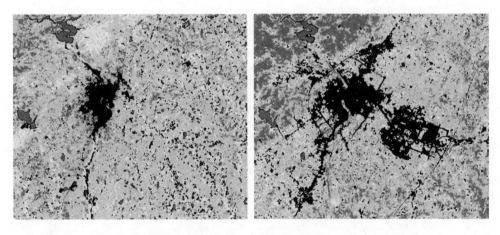

图4-8 归一化植被（NDVI）指数 1989～2007 年的演变示意

（7）水文分析模型

水文分析是数字高程模型（DEM）数据应用的一个重要方面。利用 DEM 生成的集水流域和水流网络，成为大多数地表水文分析模型的主要输入数据。表面水文分析模型应用于研究与地表水流有关的各种自然现象如洪水水位及泛滥情况，或者划定受污染源影响的地区，以及预测当某一地区的地貌改变时对整个地区将造成的影响等，应用在城市和区域规划、农业及森林、交通道路等许多领域，对地球表面形状的理解也具有十分重要的意义。这些领域需要知道水流怎样流经某一地区，以及这个地区地貌的改变会以什么样的方式影响水流的流动。

基于DEM的地表水文分析的主要内容是利用水文分析工具提取地表水流径流模型的水流方向、汇流累积量、水流长度、河流网络（包括河流网络的分级等）以及对研究区的流域进行分割等。通过对这些基本水文因子的提取和基本水文分析，可以在DEM表面之上再现水流的流动过程，最终完成水文分析过程。

在青海黄南藏族自治州热贡文化生态保护实验区总体规划中应用了水文分析模型。由于黄南地区在全国生态功能区划中属于水源涵养区，因此，保持流域整体性在区内生态功能区划中是主要因素。以小流域为单元，开展针对水土流失的综合治理，是解决区域生态环境问题的有效方法。利用地形数据，通过计算水流方向、累积水流量、提取水网和模拟集水区域四个步骤实现小流域范围的划分。划分结果如图4-9所示。规划中提出以小流域为单位，采取上中下游相协调的综合治理措施，防治水土流失。

图4-9 水土保持区小流域划分

4.4 城市总体规划的空间分析模型

城市总体规划的内容包括：提出城市规划区范围；分析城市职能，提出城市性质和发展目标；提出禁建区、限建区、适建区范围；预测城市人口规模；研究中心城区空间增长边界，提出建设用地规模和建设用地范围；提出交通发展战略及主要对外交通设施布局原则；提出重大基础设施和公共服务设施的发展目标；提出建立综合防灾体系的原则和建设方针。

4.4.1 城市建设用地空间形态评价

城市空间扩展是城市形态演化的基本特征之一，借此可以分析与揭示城市用地形成、演化的内在和外在的驱动机制，比较不同类型城市扩展的特征及其差异。评价指标包括以下方面。

（1）城市重心的偏离度评价

•几何中心

城市几何中心是城市各项用地的平均中心，是建成区几何形状的形心，也是数理统计上的抽象概念，反映了城市地理上的中心位置。

几何中心是一个几何形状的形心。对于点状分布而言，是所有点的平均中心，又叫分布重心；对于面状分布而言，既要考虑点数，又要考虑各点的实际大小和所代表的质量意义。公式如下：

$$x = \Sigma[x_iA_i/\Sigma A_i], y = \Sigma[y_iA_i/\Sigma A_i]$$

A 为面积，x、y 为坐标，$i = 0, 1, \cdots, n$

• 功能中心

城市功能中心则较为复杂，商业中心、交通中心倾向于人们感知认识一般意义上的城市中心。人口分布中心、就业岗位中心需要作复杂的数理统计和分析才能得到。

• 重心移动轨迹与重心移动分析

城市几何中心随建成区范围的扩大和形状的变化而变化，功能重心随着城市建设的扩展和功能布局的变化而变化。进行城市各个时期几何中心与功能重心空间移动的对比分析，有助于揭示城市空间增长的方向性规律，科学评价功能重心与几何中心之间、不同功能重心之间的关系。

• 偏离度评价

以上重心变迁分析只是重心的绝对位移，还需要以特定时期建成区的几何形状为背景，进行相对位移的分析，才能深入比较各时期重心分布的合理性。

偏离度是以特定系统功能重心到其几何中心（形心）的距离与包络边界半径的最大值之间的比值来描述特定系统功能重心对应于几何中心分布的偏离程度，以建成区最长轴的半径代替包络边界半径的最大值。公式如下：

偏离度＝功能重心到几何重心的偏差距离／长轴半径

偏离度除了可以以几何中心为衡量标准外，还可以其他特定中心为衡量标准。如以居住重心为基础，比较商业重心、中小学重心等设施分布的偏离度。

（2）城市形态的紧凑度评价

紧凑度广义上指城市建成区用地的紧凑、饱满程度，具体上又分为基于最长轴的形状率法、基于周长的圆形率法和基于外接圆的紧凑度法。

形状率是 Horton 于 1932 年提出的城市形状测度方法，以区域面积与区域最长轴的比值作为衡量标准。Gibbs 于 1961 年进行了改进，提出了基于形状率的紧凑度评价方法，将圆形区域视为最紧凑的特征形状，并作为标准度量单位（数值为1），正方形为 0.64，离散程度越大，其紧凑度越低。公式为：

形状率 $= 1.273A/L^2$ （A 为区域面积，L 为区域最长轴）

圆形率是 Miller 于 1963 年提出的城市形状测度方法，以区域面积与区域周长的比值关系作为衡量标准。Richardson 于 1961 年进行了改进，提出了基于圆形率的紧凑度评价方法，将圆形区域视为最紧凑的特征形状，并作为标准度量单位（数值为1），其他任何形状区域的紧凑度均小于1，离散程度越大，其紧凑度越低。因此，更便于不同区域或城市之间的比较。公式为：

紧凑度 $= 2\sqrt{\pi A/P}$ （A 为面积，P 为周长）

最小外接圆是 Cole 于 1964 年提出的城市紧凑度评价方法。以最小外接圆为标准来衡量城市或区域的形状特征。圆形的区域面积与最小外接圆完全重合，紧凑度为 1，属于最紧凑的形状，正方形的紧凑度为 63.7%。该方法避免了计算城市周长的繁琐，简单适用。公式为：

$$紧凑度 = A/A'（A 为区域面积，A' 为该区域最小外接圆面积）$$

（3）城市形态的离散度评价

由于点状分布的离散或集中程度不同，由中心向外各个方向、各个区间点的数量也不相同，因此可以据此评价特定系统的空间离散程度。

基本方法是以各点到其最邻近点的距离为半径，计算所有点的平均半径；分别以各点为圆心、以平均半径为半径作圆，统计落在每个圆内的邻点数之和；则各圆内的平均邻点数就是该地区点状分布的离散度。公式为：

$$平均半径 R = （\sum 最小半径 R_i \times 面积 A_i）/\sum A_i（i = 1，\cdots，n）$$
$$最小半径 R_i = \min（R_1 + \cdots + R_j + \cdots + R_n）（j = 1，\cdots，n，j \neq i）$$
$$离散度 = （\sum 点数 i \times 面积 A_i）/\sum A_i（i = 1，\cdots，n）$$

工业用地的离散程度关系到工业生产的集聚效益，当均匀分布时，离散度为 1；分布越集中，重复计算的几率越大，离散度值越大。

（4）城市空间的放射状指数评价

紧凑度、离散度评价还只是从抽象的形状入手。Boyce、Clark 于 1964 年提出了放射状指数的评价方法，以城市中心到区内各部分的距离关系，来评价相对于城市中心的区域分布特征。这种方法强调了区域的内部联系，更接近于实际的城市生活，有助于揭示城市空间的相互关系。公式为：

$$d = \sum \left[100 d_i \cdot A_i/\sum（d_i \cdot A_i） - （100/n） \right]$$

（d_i 是城市中心到第 i 小区的距离，A_i 为第 i 小区的面积，n 为小区数，$i = 1，2，\cdots，n$）

4.4.2　空间句法模型

空间句法理论作为一种新的描述现代城市空间模式的计算机语言，其基本思想是对空间进行尺度划分和空间分割。空间句法中所指的空间，并不是欧氏几何所描述的可用数学方法来量测的对象，而是描述的以拓扑关系为代表的一种关系。空间句法关注的也非空间目标间的实际距离，而是其通达性和关联性。该模型的计算与评价指标包括以下内容。

（1）连接值 C_i

连接值是一个局部变量，表示系统中与第 i 个空间相交的空间数。在连接图上，连接值表示与第 i 个结点相连的结点数。连接值与邻近区的数目有关。从认知角度来看，它表示一个人站在每个空间里所能见到的邻近空间的数目。其计算公式为：

$$C_i = k$$

（2）控制值 $ctrl_i$

控制值表示某一空间对与之相交的空间的控制程度，从数值上看，它等于连接值的倒数。其计算公式为：

$$ctrl_i = \sum_{j=1}^{k} \frac{1}{C_j}$$

在连接图中，k 表示与第 i 个结点直接相连的结点数，C_j 则表示第 j 个结点的连接值。

（3）深度值 D

深度值是指系统中某一空间到达其他空间所需经过的最小连接数。在连接图中，它表示某一结点距其他所有结点的最短距离（注：此距离并非指真实的量测距离，而是指两点间的通达性）。空间句法假设连接图是非加权的且无指向的，即假定所有相邻空间的深度值均为 1，且 3 个步长作为局部深度值。

（4）集成度 I_i

集成度描述了系统中某一空间与其他空间集聚或离散的程度。它反映了从一点出发，遍访空间中其他各点所需的总步数。可用相对对称或真实相对对称来表示集成度。一般地，当集成度的值大于 1 时，空间对象的集聚性就较强；当集成度的值介于 0.4~0.6 之间时，空间对象的布局则较分散。考虑到结点研究选择范围的大小，集成度可分为局部集成度和整体集成度两种，整体集成度表示一个空间与其他所有空间的关系，而局部集成度则只考虑某一空间与距其几步（通常是三步）范围内空间之间的相互关系。集成度的大小等于 RRA 的倒数。其计算公式为：

$$RA_i = \frac{2(MD-1)}{(n-2)} \text{且 } RRA_i = \frac{RA_i}{D_n}$$

其中，n 为一城市系统内的总轴线数或总结点数，MD 为平均深度值，且

$$MD_i = \frac{\sum_{j=1}^{n} d_{ij}}{n-1}, D_n = \frac{2\{n[\log_2(n+2)/3-1]+1\}}{(n-1)(n-2)}$$

（5）智能值

智能值用来表达局部空间与整体空间之间的相互联系。它也反映了观察者通过局部空间的连通性来感知整体空间通达性的能力。

在地理信息系统海量的地理数据、丰富的空间分析及视觉化功能等环境的支持下，通过上述句法变量分析可使我们透过空间几何要素来揭示城市空间形态演变的复杂的内在机理。

4.4.3 路网结构评价

道路网规划方案的评价包括技术评价、经济评价和社会环境评价三个方面，其中城市道路网的技术评价，是从道路网的技术性能方面分析其内部结构和功能，目的是揭示路网的使用质量，为编制道路网规划方案、验证方案的合理性，并进行方案的优化和决策提供技术方面的依据。该模型计算与评价指标包括以下内容。

（1）道路网密度与干道网密度

道路网密度 δ（km/km²）是指城市道路总长度与城市用地总面积之比，干道网密度 δ_m（km/km²）是指城市主次干道总长与城市用地总面积之比，其计算公式为：

$$\delta = \sum L_j/F; \ \delta_m = \sum L_i/F$$

式中：F 为城市建成区用地面积（km²）；L_i 为主、次干道各路段长度（km）；L_j 为主、次干道各路段长度（km）。干道网密度越大，交通联系越便捷。但密度过大，会增加建设投资，并造成交叉口过多，影响车辆行驶速度和干道通行能力；干道网密度过小，会使客、货运输绕行或穿越街坊，增加居民出行时间。因此，干道网密度既能体现城市道路网的建设数量和水平，又能反映城市路网布局质量的合理与均衡，是评价路网结构的理想指标之一。

（2）干道间距

干道间距 L_m 与 δ_m 有直接的反比关系，对方格式干道网，其相互关系可表达为：

$$\delta_m = 1/L_{m1} + 1/L_{m2}$$

式中：L_{m1} 和 L_{m2} 分别为干道间距（km）。一般认为，干道的合适间距应为 800～1000m，相当于干道网密度为 2～2.5km/km²。因此，干道间距对路网布局的影响，可由干道网密度直接体现。

（3）道路网面积密度

道路网面积密度 λ，能综合反映一个城市对道路的重视程度及道路交通设施的发达程度，但不能体现道路分布状况和布局质量，计算如下：

$$\lambda = \sum L_i B_i / 1000000 A$$

式中：L_i 和 B_i 分别为道路长度和宽度（m）；A 为城市建成区用地面积（km²）。

（4）人均道路面积

人均道路面积 λ_p 也称道路占用率，是指城市道路用地总面积与城市总人口之比，其计算公式为：

$$\lambda_p = \sum L_i B_i / n$$

式中：n 为城市居民人数（人）。

（5）等级级配

等级级配指建成区快速干道、主干道、次干道及支路等不同等级道路的数量比例。从我国规范给出的路网密度可以推算出从快速路到支路的比例约为 1:2:3:8，大体呈现为上小下大的金字塔形结构，等级愈高比重愈小。

（6）非直线系数

城市干道网的规划布局应满足交通运输的要求，使城市的各个组成部分（如市中心区、工业区、居住区、车站和码头等）的客货流集散点之间有便捷的联系，使客货运工作量最小。非直线系数便是衡量路线便捷程度的重要指标，其计算公式为：

$$\gamma = 2\sum_{i=1}^{N}\sum_{j=i+1}^{N}\frac{\gamma_{ij}}{N(n-1)}$$

式中：γ_{ij} 为 i、j 两节点（区）间的非直线系数；N 为道路网节点（区）数量。

（7）可达性系数

可达性系数 α，用来评价各交通区内到达干道网的便捷程度，是指该区范围内干道网长度与区中心至四周干道最短路径之和的比值，整个城市干道网的可达性系数可用各交通区可达性系数的平均值来表示。α 能较好地反映交通区内干道网的发达程度和整个干道网的分布状况，其计算公式为：

$$\alpha = \frac{1}{m}\sum_{i=1}^{m}\left[L_{zi}\bigg/\sum_{k=1}^{4}d_{ik}\right]$$

式中：L_{zi} 为 i 交通小区范围内干线道路长度（km）；m 为交通小区数；d_{ik} 为 i 交通小区中心至四周某一方向干道的最短路径（km）。

（8）连接度指数

连接度指数 J，是与路网的总节点数和总边数有关的指标，用于衡量路网的成熟程度。连接度指数越高，表明路网断头路越少，成网率越高；反之则表明成网率越低，其计算公式为：

$$J = \left[\sum_{i=1}^{n}m_i\right]\bigg/N = \frac{2M}{N}$$

式中：N 为道路网节点数量；m_i 为第 i 节点所邻接的边数；M 为干道网总边数（路段数）。

（9）路网负荷度

路网负荷度指路网的实际交通量与通行能力之比。该指标反映了路网对交通量的适应能力，同时从整体上表现了路网的畅通性，其计算公式为：

$$V/C = \sum V_i L_i\bigg/\sum C_i L_i$$

式中：V_i 为路网中第 i 条路段的分配交通量；C_i 为第 i 条路段的通行能力；L_i 为第 i 条路段的长度。

4.4.4 公共设施布局分析

公共服务设施布局的合理性会受诸多因素影响，例如设施的可达性、使用效率和服务范围等。

公共设施的空间可达性，主要是指拥有相应需求的人群通过某种交通方式从某一给定区位到达目标设施的便捷程度。换言之，即当人们在到达设施供应地进行对自己比较重要的活动时，其所需花费的成本大小。可见，它所反映的是不同地区的群体对特定社会服务的接近度是否公平，由此确定那些缺乏相应设施而应该加以关注的区域。可达性评价的测度指标也有很多，其中经常使用的主要有空间直线距离、实际距离（网络距离）、平均出行时耗、平均出行速度、单位时间内的出行距离、公交线路密度以及道路网络的阻塞程度等。

完善公共服务设施体系，为区域发展中的服务设施规划进行定位选址的研究手段，理论模型有很多，其中之一就是定位—配给模型（Location-Allocation Model，简称 LA 模型）。它可以提供的研究手段包括调查现有或者规划状态中服务设施的可达性问题，服务质量的比较以及一系列的可选方案，给出能够提高更加高效服务的空间系统，改善现状可达性。

根据最常见到的选址定位问题，可以将定位—配给模型分为三类，各有其不同的模型目标：

（1）适合于私有部门的定位模型——目标是使成本最小、效率最高；

（2）适合于公有部门的定位模型——目标是使社会效率最高，即建立在为全社会提供均衡的服务的基础之上；

（3）适合于应急服务部门的定位模型——目标是尽可能多地覆盖需求人群，在有效的应急反应时间（或距离）限制之内提供最佳服务。

对应于这种分类情况，形成了六种典型的定位—配给模型：

● Mindistance：P-Median Problem。使所有的需求点到其最邻近服务中心的总/平均距离最短。

● Maxatten：Attendanee Maximizing Problem。使各个中心点分配到的需求点达到最大容量，其中，有分配可能性的供应中心点的吸引力随着供需点之间的距离增加呈线性降低。

● Mindistpower：Minimize Total Powered Distanee Problem。使总出行距离最短，其中，距离的测度服从于一个幂函数。

● Mindistance-constrained：P-Median Problem with a Maximum Distance Constrain。使总出行距离最短，其中，确保所有的需求点都在一个有效的服务半径之内。

● Maxcover：Maximal Covering Location Problem。使处于一个特定的有效服务时间或有效服务半径范围之内的需求点最多。

● Maxcover-constrained: Maximal Covering Location Problem with a Mandatory Closeness Constraint。使处于一个特定的有效服务时间或有效服务半径范围之内的需求点最多，其中，确保所有的需求点都在另一个限定的服务距离之内。

可以根据各自的选址目标将这六个典型模型分成下面三类：区位集覆盖问题（LSCP）、最大覆盖问题（MCLP）和P-中心问题。

（1）区位集覆盖模型（Location Set Covering Problem，LSCP）

这类问题是在寻找最少公共服务设施数量的最恰当配置，使得所有的服务目标都能在设施服务区域内，其目标是最小化公共服务设施配置的成本。不考虑设施需求点被覆盖的次数，需求点均须被包含在距服务设施特定的距离范围内。本模型适用于基本等级设施的选址，即确定覆盖全部目标所必需的最少服务设施的数量和位置。在设施布局的初步阶段适宜用本方法，在满足覆盖条件的基础上，使投入成本最小化。

（2）最大覆盖模型（Maximal Covering Location Problem，MCLP）

该模型由 Church 和 Re Velle 于 1974 年提出，主要用于研究在服务设施数目一定的情况下，如何布局才能使它们覆盖尽可能多的服务目标；或者在覆盖率一定的前提下，通过怎样的布局可以使服务设施的数量最少。本模型尤其适用于层级选址的后一阶段，在区位集覆盖模型的基础上，优化公共服务设施的位置。

（3）P-中心模型（P-center Problem）

寻找预先设定服务设施数目的区位分布，使其与服务对象的最大距离最小化，其目标在最小化任何服务对象与对应的设施之间的最大距离。本模型适用于公共服务设施的选址能充分满足实际的前提下，提高服务效率，即受最大出行距离限制的最短出行距离问题。

可达性在定位—配给模型中分为邻近性和覆盖率两个方面。

（1）覆盖率

如果一项基础服务设施在给定的有效服务范围内，则认为此项服务设施对于客户群体来说是可达的，或者说客户群体已被此项设施覆盖。反之，处于此服务设施之外的客户群体不能享受此项服务。从这个角度来说，可达性的评价转化为对客户群体的覆盖比率。如果此覆盖比率作为定位目标，这种定义方式还可被称为最大覆盖的定位问题。

（2）邻近性

邻近分析的方法通常为以下两种。

● 等距缓冲区

等距缓冲区就是在主体周围产生一个等距离的区域，ARC/INFO 等 GIS 软件都有一种名叫 Buffer 的分析方法就是用来产生等距缓冲区的。

● 等值线法

等值线法比等距缓冲区更进一步。等距缓冲区是将研究对象用一种二维的表示方法来进行研究，而等值线是将研究对象看成是一个可取某种特殊值的三维表面，在主体的作用和一定的地理条件下，三维表面就会发生变化。地形图中的等高线即为最常见的等值线。在研究小学、医院等公共服务设施时用交通时间作等值线——等时线，复杂一些的问题有相对于某一污染源而作的大气污染等值线、噪声等值线等。

4.4.5 城市建设用地演变分析

土地利用转换是人地关系地域系统的一个重要核心领域，它是指一定时间序列之内的不同土地资源利用方式在地域空间上置换与更替的过程，是实现区域土地利用动态优化配置的重要前提与途径。土地利用转换包括两个层次，一是土地类型面积的变化，一是土地利用集约度的变化。

将两期土地利用数据进行叠加分析，生成土地利用转换图，并计算转换矩阵。矩阵形式如下：

$$S_{ij} = \begin{vmatrix} S_{11} & S_{12} & \cdots & S_{1n} \\ S_{21} & S_{22} & \cdots & S_{2n} \\ S_{31} & S_{32} & \cdots & S_{3n} \\ & & \cdots & \\ S_{n1} & S_{n2} & \cdots & S_{nn} \end{vmatrix}$$

n 为土地利用类型数目，S_{ij} 表示期初至期末类型 i 转化为类型 j 的面积。

软件建立的次功能模块不仅计算上述转换矩阵，并且生成基于该转换矩阵的多个统计量，进一步说明土地利用转换的特征。

（1）转出面积

代表初期土地利用类型为 m（$m \in n$），末期转换为其他类型的土地面积。

$$U_{out\_m} = \sum_{j=1}^{n} S_{mj} - S_{mm}$$

（2）转入面积

代表初期土地利用类型为不为 j，末期转换为 j 类型的土地面积。

$$U_{in\_m} = \sum_{i=1}^{n} S_{im} - S_{mm}$$

（3）面积变化率

表示某一类土地利用类型 m，从初期（a）到末期（b）过程中面积的变化比例。

$$P_{s\_m} = \frac{U_{bm} - U_{am}}{U_{am}} \times 100\% = \frac{\sum_{i=1}^{n} S_{im} - \sum_{j=1}^{n} S_{mj}}{\sum_{j=1}^{n} S_m} \times 100\%$$

P_m 为研究期内某土地利用类型（m）的变化率，U_{am}、U_{bm} 分别是研究期开始和结束时某土地利用类型的面积。

（4）空间变化率

$$P_{ss\_m} = \frac{U_{out\_m} + U_{in\_m}}{U_{am}} \times 100\%$$

（5）动态度

反映土地利用与土地覆被类型变化的趋势和状态。

$$R_{s\_m} = \frac{P_{s\_m}}{P_{ss\_m}} = \frac{U_{in\_m} - U_{out\_m}}{U_{in\_m} + U_{out\_m}}$$

（6）土地利用综合动态度

$$R_t = \frac{P_{ts}}{P_{tss}} = \frac{\sum_{i=1}^{n} |U_{out-i} - U_{in-i}|}{\sum_{i=1}^{n} (U_{out-i} + U_{in-i})}$$

当 R_t 越接近 0，表明区域内所有的土地利用与土地覆被类型的双向转换频繁，且呈现均衡转换的态势；当 R_t 越接近于 1，说明每种土地类型的转换方向主要为单向的极端不均衡转换，或者该类型转换为其他类型，或者其他类型转换为该类型。

4.4.6 排水分析

随着社会生活中信息总量急剧膨胀，城市管理日益复杂，对管理手段的要求也越来越高。面对有限的空间资源，基于地理信息系统的排水分析功能逐渐成为城市市政管理工作的有力工具。在地理信息系统的帮助下，不仅可以方便地获取、存储、管理和显示各种市政信息，而且还可以对城市市政设施进行有效监测、分析、评价、模拟、预测等管理及研究工作，从而为城市市政设施管理提供全面、及时、准确和客观的信息服务和技术支持。模型分析的指标包括以下内容。

（1）重现期分析

提供对用户指定区域内的正常排水管段与积水管段进行数据统计与图形显示功能。可以判断出某一区域内的管段是否符合建设要求，以科学制订排水管网改造方案。

（2）排水区域分析

根据与管道相连的雨水口的分布与雨水口的服务区域确定管道的排水区域功能，可以进行排水路径查询。

（3）溢水范围分析

溢水范围分析是根据地面标高和水位阀值确定暴雨时溢水影响范围以及受溢水影响的排水户。从而可以快速确定受影响区域，以便在很短的时间内通知到受影响的单位及用户。

4.4.7 人口空间分布模拟

人口空间分布是指一定时点上人口在各地区中的分布状况，是人口变化过程在空间上的表现形式（胡焕庸，1983）。人口数据空间化，也称人口统计数据空间分布化，即是通过人口统计数据，采用适宜的参数和模型方法，反演出人口在一定时点和一定地理空间中的分布状态的这一过程，其实质就是创建区域范围内连续的人口密度表面。

（1）核函数制图（Kernal）

在核函数密度制图中，落入搜索区内的点具有不同的权值，靠近格网搜寻区域中心的点或线会被赋予较大的权重，随着其与格网中心距离的加大权重降低。

（2）简单密度制图（Simple）

在简单密度制图中，落在搜索区域内的点或线有同样的权重，先对其进行求和，然后用合计总数除以搜索区域的大小，从而得到每个点的密度值。

4.4.8 城市用地建设适宜性综合评价

城市用地适宜性评价是城市总体规划中的一项重要基础性工作，合理确定可适宜发展的用地不仅是以后各项专题规划的基础，而且对城市的整体布局、社会经济发展将产生重大影响。在城市总体规划中，首先要搜集、查阅大量的基础资料，从自然条件、环境条件、社会条件等几个方面综合分析规划区范围内土地的适宜性，初步决定土地的可利用情况，为进一步的规划分析提供依据。计算机技术的迅速发展和 GIS 技术应用的逐渐成熟为城市规划工作从定性分析发展到定量分析奠定了基础。评价指标如表 4-2 所示。

城市用地建设适宜性评价表　　　　　　　　表 4-2

一级指标	二级指标	城市评定单元的地理特征类别				镇、乡、村评定单元的地理特征类别			
		滨海	平原	高原	丘陵山地	滨海	平原	高原	丘陵山地
工程地质	地震基本烈度	○	○	○	○	○	○	○	○
	岩土类型	○	○	○	○	●	●	●	●
	地基承载力	√	√	√	√	√	√	√	√
	地下水埋深（水位）	√	√	○	○	√	√	○	○
	土—水腐蚀性	○	○	○	○	○	●	●	●
	地下水水质	●	●	●	●	○	√	○	○

一级指标	二级指标	城市评定单元的地理特征类别				镇、乡、村评定单元的地理特征类别			
		滨海	平原	高原	丘陵山地	滨海	平原	高原	丘陵山地
地形	地形形态	○	○	√	√	○	○	√	√
	地面坡向	○	●	○	√	○	●	○	√
	地面坡度*	√	√	√	√	○	○	√	√
水文气象	地表水水质	●	●	●	●	○	○	√	√
	洪水淹没程度*	√	√	√	√	√	√	√	√
	最大冻土深度	○	○	○	○	○	○	○	○
	污染风向区位	○	○	○	○	○	○	○	○
自然生态	生物多样性	○	○	√	√	○	○	√	√
	土壤质量	○	○	○	○	○	○	○	○
	植被覆盖率	√	√	√	√	√	√	√	√
人为影响	土地使用强度	○	○	○	○	●	●	●	●
	工程设施强度	○	○	○	○	●	●	●	●

注：1. 表中加注 * 的指标，为对城乡用地评价影响突出的主导环境要素。

2. 表中√为必须采用指标，○为应采用指标，●为宜采用指标。

城乡用地的定量评判，应采用评定单元的基本指标多因子分级加权指数法和特殊指标多因子分级综合影响系数法。计算公式为：

$$P = K \sum_{i=1}^{m} \omega_i \cdot X_i$$

$$K = 1 / \sum_{j=1}^{n} Y_j$$

$$\omega_i = \omega_i' \cdot \omega_i''$$

式中　P——评定单元的综合定量计算分值，P 值以高分值为优先；

　　　K——特殊指标多因子分级综合影响系数，K 值以大数值为优，$K \leqslant 1$，设 $n=0$ 时，$K=1$；

　　　m——基本指标因子数；

　　　i——基本因子指标数序号；

　　　ω_i——第 i 项基本指标计算权重；

　　　ω_i'——第 i 项评定指标的一级权重；

　　　ω_i''——第 i 项评定指标的二级权重；

X_i——第 i 项基本指标的定量分值；

n——特殊指标因子数；

j——特殊指标因子数序号；

Y_j——第 j 项特殊指标的定量分值。

按照模型计算结果，根据 P 值大小划分四个等级，分别对应适宜建设用地、可建设用地、不宜建设用地和不可建设用地。

4.5　城市设计与城市详细规划的空间分析模型

城市设计（又称都市设计，英文 Urban Design）的具体定义在建筑界通常是指以城市作为研究对象的设计工作，介于城市规划、景观建筑与建筑设计之间的一种设计。相对于城市规划的抽象性和数据化，城市设计更具体性和图形化；但是，因为 20 世纪中叶以后都市设计多半是为景观设计或建筑设计提供指导、参考架构，因而与具体的景观设计或建筑设计有所区别。

4.5.1　园林指标分析

园林指标分析就是对城市园林的居住区指标、单位指标和建成区指标进行计算。

（1）居住区指标计算

针对居民区绿化相关的系列宏观统计指标进行统计，指标计算包括全市范围内和一定范围内的指标计算，包括"绿地率"、"绿化覆盖率"和"人均公园绿地面积"。

（2）单位指标计算

针对单位绿化相关的系列宏观统计指标进行统计，指标计算包括全市范围内和一定范围内的指标计算，包括"绿化率"、"绿化覆盖率"。

（3）绿化指标计算

针对绿化相关的系列宏观统计指标进行统计，指标计算包括全市范围内和一定范围内的指标计算。

4.5.2　拆迁分析

根据规划的道路线型，结合现状地形，对拆迁调查作初步估算。用户可以根据需要选择道路的详细规划红线；自动分析出涉及拆迁的房屋、古建筑、古树、绿地等地物。

（1）拆迁地物类型

根据用户的调查结果和简要判断规则，确定涉及拆迁的地物类型，如居民建筑（包括显示地形图上的房屋层数及面积)、厂房工业建筑、商业门店、普通绿地等类型。

（2）拆迁面积和费用

给定各种类型的拆迁单价，根据拆迁面积和单价，计算出拆迁匡算的总体费用和各种居住建筑、商业门店、工业建筑的分类统计费用。

4.5.3 规划指标计算模型

规划指标是指占地面积、建筑面积、容积率、建筑密度、绿化率等。自动计算有两层含义：①是指任意指定计算范围；②是指数据来源可以是现状或规划的。数据载体可以是 2D 的矢量图层，也可以是三维模型的场景图层。计算过程是：在场景中指定计算范围，对范围内被选中用地上的现状建筑和方案建筑，自动提取建筑的建筑基底面积、建筑面积、建筑层数、建筑高度等属性数据，依据设定的计算公式，自动计算经济指标，如计算范围面积、总基底面积、总建筑面积、容积率、建筑密度等。

4.5.4 视线分析模型

在城市规划中需要对研究区域的视线通廊或可视区域进行分析，以便于预留景观通廊或建筑高度限制。可视区域分析需要确定观测点位置和观测者的高度，建立 TIN 模型后进行可视区域分析。视线通廊分析中，为了不遮挡对远景、中景、近景的山体的观测视线，对视线通廊下建筑物的限制高度进行分析，该分析首先需要确定视线所及处的标高和观测者所在的位置标高建立视线模型，与现状地形模型相减得出不遮挡视线下的建筑高度限制图。

4.5.5 日照分析模型

日照对于建筑和建筑设计都有着深远的影响，优秀的日照设计可以提高建筑的舒适度和卫生条件，降低采暖能耗，并提供清洁的能源。随着城市经济的迅速发展、居民生活水平的提高、城镇居民住宅公房的取消以及住房私有化的普及，群众对居住环境的要求大大提高，日照分析影响的房屋间距问题成为城市规划的焦点之一。

空间任意一点经过太阳光照射后在地面产生一个投影点，该点的坐标与太阳位置及空间点的位置有关。视太阳光为平行光线，则空间点的投影与太阳的高度角、方位角及空间点的位置之间有确定关系。

（1）阳光投射方程

高度角 h 为：

$$h = \arcsin\left[\sin\Phi\sin\delta + \cos\Phi\cos\delta\cos t\right]$$
$$\delta = 23.5°\sin\left[(N - 80.25)(1 - N/9500)\right]$$

式中：Φ 为地区纬度；δ 为赤纬度；t 为 24 时制时间单位；N 为从元旦到计算日的总天数。方位角 ψ 为：

$$\psi = \arcsin\left[\cos\delta\sin T/\cos h\right]$$
$$T = 15°(t - 12)$$

式中：T 为时角，即太阳所在的时圈与通过两极点的时圈所构成的夹角。

（2）投影点坐标计算

如图 4-10 所示，设 a 的空间坐标为 (x, y, H)，其在承影面上的投影点 a' 的坐标为 (x', y', z')，e 为竿的高度，且 $e = H - H_0$，H_0 为承影面高程。则 a' 的坐标可以表示为：

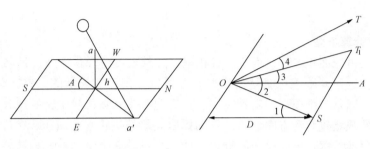

图 4-10　空间点的日照投影　　　图 4-11　日照间距示意图

$$x' = x + ecothsinA$$
$$y' = y + ecothcosA$$
$$z' = H_0$$

式中：h 为太阳高度角；A 为太阳方位角。

（3）日照间距计算模型

日照间距的计算公式为：

$$D = H_0 l_0$$

$$l_0 = cothcosr$$

式中：D 为日照间距；H_0 为前栋建筑物高度；l_0 为日照间距系数；h 为太阳高度角；r 为太阳方位与后栋建筑方位夹角。上述参数的几何意义如图 4-11 所示，设 OS 是建筑物法线与太阳方位的参考方向；D 为前后两栋建筑物间的距离；OT 为太阳光线；角度 1、2、3、4 分别为后栋建筑方位、太阳方位、太阳方位与建筑方位夹角、太阳高度。

4.5.6　风环境分析

风环境是指空气气流在建筑内外空间的流动状况及其对建筑物的影响，是建筑环境设计的一项重要参考内容。

风环境分析的方法是应用计算流体动力学，求解离散空气流动遵循的流体动力学方程组，将计算结果用计算机图形学技术形象、直观地表示出来。该方法可将小区内的空气流动情况进行初步的数值模拟，然后对该规划建筑小区内的风环境作出分析和评价。

输入分析数据：方向主导风向西偏南 45°，风速为全年主导风速 5.5m/s。

输出图片分析：风环境、风压模拟结果分别为（图 4-12、图 4-13），风速平均值 4.524E+00m/s、风压平均值 7.235E-01Pa。建筑组团间区域风速为 0.06～7m/s 之间，南部建筑的背风面风速最低，西面入口处的风速最高，大部分低于 5m/s。建筑前后压差在 1～3Pa。

显示结果预测：模拟结果符合《中国生态住宅技术评估手册》的相关节能要求。该组团的室外环境大部分时间是适宜户外活动的。

分析结果：通过调研和分析，该仓小区行列式的住宅布局有利于小区的夏季通风、散热。

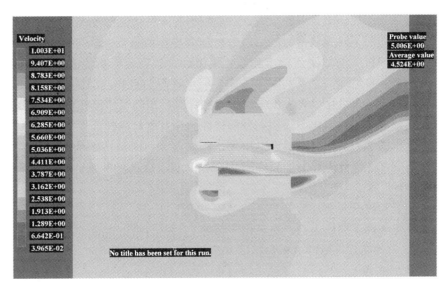

图 4-12　风环境模拟分析

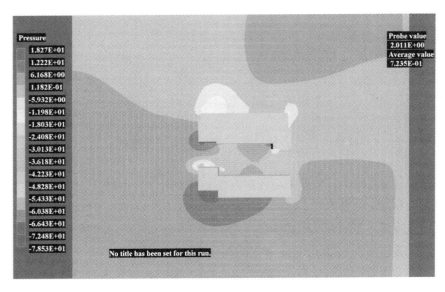

图 4-13　风压模拟分析

4.6　模型功能化研究

目前，空间信息技术应用的空间分析应用模型多数来源于地理信息系统、遥感、地统计学、生态学等专业学科的研究成果，不仅模型描述相对复杂，规划人员较难理解，模型的实现过程也相对复杂，通常需要应用地理信息专业软件经过繁琐步骤才能完成，且在分析过程中，输入参数的描述与规划语言差距较大，对规划编制人员来说比较难适应。

因此，在建立面向不同规划领域的空间分析应用模型集合后，需要针对每一个模型，面向规划编制应用，分析模型的输入输出参数、模型计算过程与分析流程，实现语义互操作，使用户不仅要能够获得地理信息及其服务，还要能够理解信息和服务的规划含义。另外，将部分模型的复杂分析过程简化，将大量参数输入和计算过程隐藏，设计每个模型的分析界面，实现分析模型向分析功能的转化，为辅助分析软件的开发奠定基础。

以可达性分析模型为例，该模型可以用来进行城市一小时经济圈的划定、高速路的影响范围、公共设施的可达性分析等。如果应用 ArcGIS 软件，输入的数据内容与格式要求为：
- 路网与设计时速；
- 其他限制要素数据（例如坡度、土地利用方式等）；
- 目的地（例如高速路出入口、机场出入口等）。

应用 ArcGIS 软件实现可达性分析包括以下步骤。

（1）输入数据准备

矢量路网数据按照道路宽度建立缓冲区，转化为栅格数据，栅格值为道路设计时速；其他影响因素的矢量数据转换为栅格数据，栅格值为假定时速；目的地矢量数据转换为栅格数据。

（2）速度栅格生成

确定各影响因素的权重值；将路网和其他影响要素进行叠加，生成速度栅格。

（3）通行成本栅格生成

将时速栅格转换为通行成本栅格数据（取倒数）。

（4）计算成本加权可达性栅格

应用 cost distance，计算可达性分析结果，指定成本加权栅格设目的地栅格。

（5）计算结果表达

对计算结果进行重分类，按照指定间距（例如半小时、一小时、一个半小时）重分类。

上述分析过程对于规划编制人员来说非常复杂，且 GIS 软件的参数设定界面也很难理解，参数名称、输入方式、中间成果的表达和规划编制人员的工作习惯有很大差异。图 4-14 是分析的部分中间成果。图 4-15 是分析过程中的部分参数输入界面。

通过面向规划编制人员的分析，将该模型的输入参数和计算流程进行语义解释和整合，形成可达性分析的功能，进行界面设计提供给软件设计人员，如图 4-16、图 4-17 所示。分析过程仅包括两个步骤：路网参数设置和可达性分析。参数输入界面更加直观，分析成果的表达更清晰、更易于理解。

通过由空间分析模型向空间分析功能的转化可以看出，不仅模型的参数输入界面得以简化，分析过程更加符合规划编制人员的思维方式，而且分析结果的表达更加清晰、明确，可为空间分析模型的应用更加准确科学、软件开发更加有针对性、软件成果真正能够服务于规划编制人员、提高工作效率提供强有力的帮助。

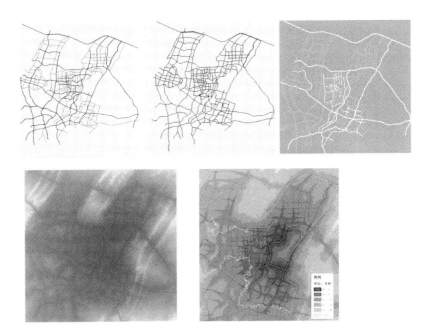

图 4-14 可达性分析模型实现过程（ArcGIS）

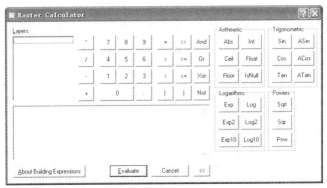

图 4-15 可达性分析参数输入界面（ArcGIS）

图 4-16 可达性分析路网参数输入界面（总规软件）

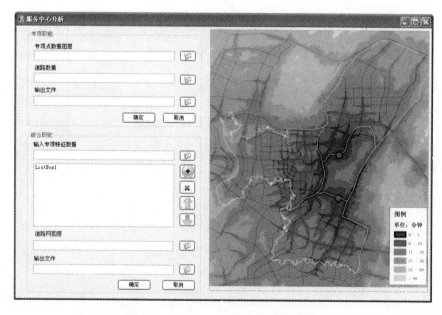

图 4-17 可达性分析界面（总规软件）

5 3S与4D在城市规划编制中的集成
应用技术与方法研究

5.1 概述

3S技术的发展为城市规划编制工作不断提供新的信息获取、处理、分析和利用手段，在更新城市规划的技术手段、提高工作效率、改变工作模式等方面发挥重要的作用。主要体现在以下几个方面。

(1) 城市基本地形图更新

城市规划编制的基本条件就是要有现势性高的地形图，但传统的线划地图不仅生产周期长，更新困难，而且比较抽象，已经从原始信息中筛去了很多环境成分。4D产品包括数字线划地图（DLG）、数字高程模型（DEM）数字栅格地图（DRG）、数字正射影像图（DOM），是新一代测绘产品的标志，有着现势性强、更新速度快、信息含量丰富等优点，将转变传统地图的观念，加快数据更新，丰富表现手段，也是对传统测绘方法的现代化改造。

(2) 现状调查与数据管理

城市规划编制的初始阶段就是现状调查，往往要耗费大量的人力、物力、财力，又难以做到实时、准确。运用RS技术可以迅速进行城市地形地貌、湖泊水系、绿化植被、景观资源、交通状况、土地利用、建筑分布等情况的调查；运用GIS技术则能将大量的基础信息和专业信息进行数据建库，实现空间信息和属性信息的一体化管理与可视化表现，提供方便的信息查询和统计工具，克服CAD辅助制图的局限性。

(3) 现状评价与空间分析

城市规划的编制需要对规划区现状进行深入、科学、全面的评价，包括规划区的自然环境特征、地形条件、生态环境特征与存在的问题、土地开发建设适宜性、城市的发展演变过程与现状形态、各类用地的空间分布特征与存在的问题、公共服务设施的服务范围、路网布局的合理性等。空间信息技术在这些评价与分析方面具有强大的技术优势，并已经得到广泛应用。

(4) 方案评价与成果表现

针对规划方案，进行土地价格分布影响、土石方填挖平衡、房屋拆迁量计算等经济分析，结合专业模型进行城市外围用地建设适宜性评价、内部用地功能更新时序分析、发展方向与用地布局优化研究，可以预测和评价规划方案的社会效益和经济合理性。利用地理信息系统的专题图丰富规划成果的表现形式。利用遥感、摄影测量和虚拟现实技术可以建立规划蓝图的动态模型，重现历史，展示未来，加强城市规划的宣传性。

(5) 信息发布与公众参与

利用计算机网络可以进行规划方案的信息发布、网上公示、意见征集和动态查询，在互联网上开展公众参与，变闭门造车的传统模式为多方参与、重在过程的开放模式，提高城市规划的法律基础和群众基础。

虽然以 3S 技术为主的空间信息技术在城市规划编制中得到了广泛的应用，但这些应用目前还处在无系统的零散状态，基本是为了解决某一规划项目的某些具体问题而临时选取和应用，没有实现真正的集成应用。

空间信息的集成应用并不是方法和技术的简单组合，需要针对不同规划类型建立系统全面的应用技术体系，以充分发挥空间信息技术的作用。

5.2　3S 一体化在城镇体系规划中的集成应用技术

5.2.1　3S 一体化在城镇体系规划中的集成应用技术体系

城镇体系规划是通过合理布局区域内城镇体系，从而达到区域整体效益的最大。在当前形势下需要在规划过程中引入空间信息技术手段以提高规划的科学性和时效性。

在城镇体系规划中，空间信息技术可以集成应用，发挥其综合作用。其中，RS 及 GPS 能够提供高质量的数据支持及快速更新，GIS 空间分析为规划提供定量分析并预测城镇未来发展趋势，VR 可以对规划方案进行三维模拟显示及预景，同时根据反馈信息进行方案的调整修改，因而可以各取所长，构建以 GIS 为核心，RS 及 GPS 为辅助、VR 为成果展现的集成应用模式框架（图 5-1）。

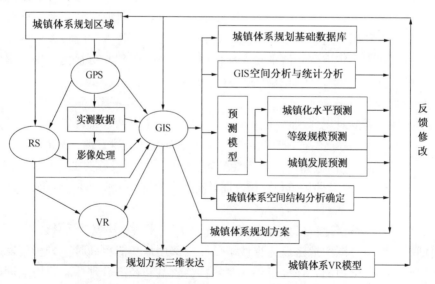

图 5-1　城镇体系规划中空间信息技术集成应用模式

如图 5-2 所示，以空间信息技术为主要技术手段的城镇体系规划技术流程主要包括三个阶段：规划数据准备阶段、规划方案编制阶段、规划方案优化及实施阶段。从图中可以看出：

整个技术流程以 GIS 技术分析模块为核心，以 RS、GPS 为数据准备的基本手段，将城镇体系规划的编制建立在一个先进的技术平台之上；同时，在规划方案的编制及实施过程中，可以根据数据的更新及方案实施情况进行反馈，利用 VR 对规划方案进行模拟演示，增强方案表达的直观性，便于对方案的反馈优化。

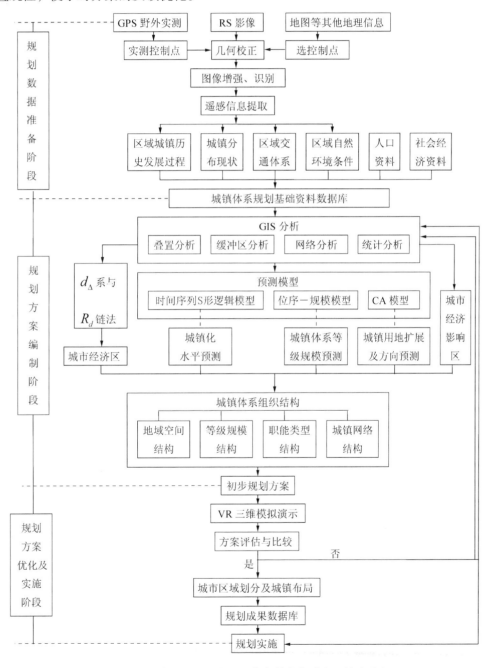

图 5-2　城镇体系规划中空间信息技术集成应用技术流程

5.2.2　示范应用

下面以大兴安岭旅游城镇体系规划为例，说明 3S 一体化技术在城镇体系规划编制中的应用。

（1）项目简介

大兴安岭地区位于黑龙江省西北部，东接小兴安岭，西邻呼伦贝尔市，南濒松嫩平原，北与俄罗斯联邦隔江相望，范围在东经 121°12′ ~ 127°00′；北纬 50°10′ ~ 53°33′之间，全区总面积 8.35 万 km² （图 5-3）。

《大兴安岭地区旅游城镇体系规划》属于区域层面的城镇体系规划，是对上版《大兴安岭地区城镇体系规划》的修编。在法定城镇体系规划内容的基础上，突出大兴安岭地区产业转型背景下以旅游业为重要支柱的区域社会经济与生态建设的协调发展、城镇旅游功能的强化提升，是大兴安岭地区未来 15 年城镇建设和经济发展的纲领性文件。

由于规划区范围大，又多为山区，受交通和地表覆盖限制很多区域难以到达。在规划编制过程中充分运用了 3S 一体化技术和 4D 空间数据，为规划编制提供重要支撑。

图 5-3　大兴安岭地区空间区位图

（2）3S 一体化技术应用

①规划数据准备阶段

本次规划应用了地形数据（1:25 万地形图）、遥感影像数据（TM）、专题数据（土壤类型图、保护区分布图、地质灾害风险评价图等）以及相关统计数据（火灾发生的历史数据、气象数据等），采用了多种数据分析与处理法。例如对 TM 影像进行纠正、拼接，生成正射影像图，进而计算植被指数，提取土地利用信息；通过矢量地形图生成 DEM，进而分析规划区坡度等地形特征等（图5-4～图5-8）。

图5-4 大兴安岭地区TM影像图

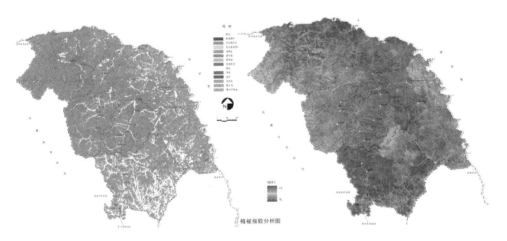

图5-5 大兴安岭地区土地利用现状图　　　图5-6 大兴安岭地区植被指数

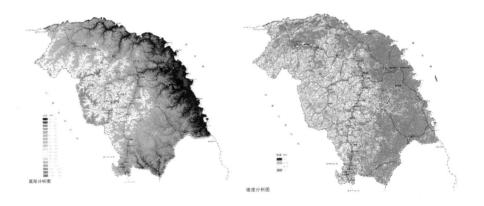

图5-7 大兴安岭地区高程分布图　　　图5-8 大兴安岭地区地形坡度分布图

②规划方案编制阶段

●火灾空间分布特征分析

通过大兴安岭地区自 1966～2009 年的火灾记录，对森林火灾的等级、发生年月、起火原因等属性及其空间分布特征进行定量分析，生成森林火灾分布的密度分布图。由于大兴安岭地区火灾发生原因主要是自然因素——雷击，因此通过模拟雷击火灾的分布密度，分析雷击火灾发生的空间分布特征，为规划布局提供参考，进而支撑消防规划中森林防火方面措施建议的提出（图 5-9、图 5-10）。

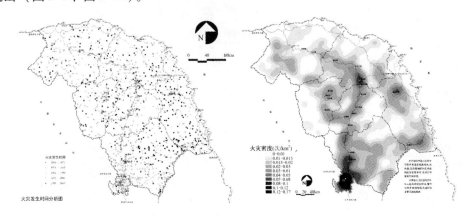

图 5-9　大兴安岭火灾空间分布特征

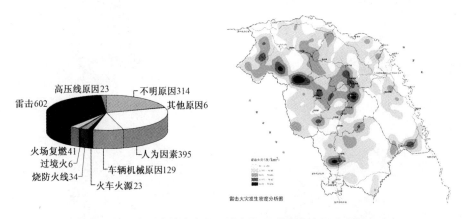

图 5-10　大兴安岭火灾原因分析与雷击火灾空间分布特征

●生态敏感性与生态建设适宜性评价

应用多因子综合评价模型对大兴安岭地区生态环境敏感性进行评价，选取的单项要素包括土地利用类型、植被指数、高程、土壤侵蚀危险、冻土分区、雷击火灾发生密度，其中土壤侵蚀危险性由二级指标坡度、坡向和土壤剖面厚度计算得出。在区域生态敏感性评价的定量分析基础上，综合考虑自然保护区、森林公园、水源地、基本农田保护区等因素，辅助分析整个地区的生态分区控制性规划。以生态敏感度评价结果为基础，考虑其他禁建、限建要素进行综合分析，进而划定空间管制区域：已开发区、协调开发区、限制开发区、禁止开发区，并提出相应的空间管制要求（图5-11～图5-13）。

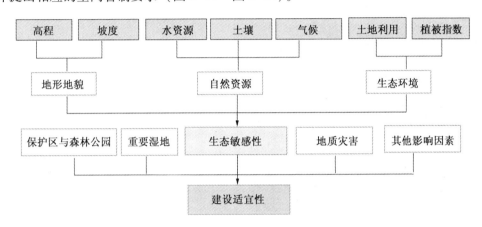

图5-11   大兴安岭地区生态建设适宜性评价模型

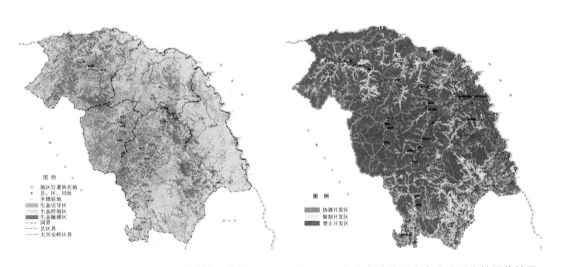

图5-12   大兴安岭地区生态敏感性评价结果   图5-13   大兴安岭地区生态建设适宜性评价结果

- 经济联系强度分析

应用吸引力模型，在通过路网计算交通距离的基础上，测算各区县间以GDP、人口规模为综合质量的联系强度，并进行空间表达，进而支撑体系规划中经济区的划分以及对该地区城镇体系空间结构的认识（图5-14、图5-15）。

- 机场可达性分析

通过网络交通距离计算，对道路交通条件改善前后的古莲机场和加格达奇机场的可达性进行定量分析，支撑城镇体系旅游规划中神州北极体验旅游区、加格达奇旅游综合服务区这两个核心旅游区域的景点及旅游线路的策划（图5-16、图5-17）。

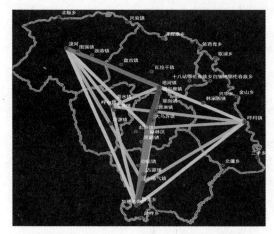

图5-14　各区县经济联系强度示意图

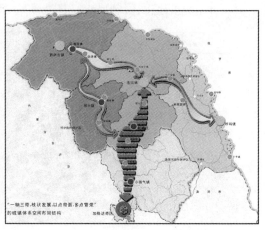

图5-15　城镇体系空间结构示意图

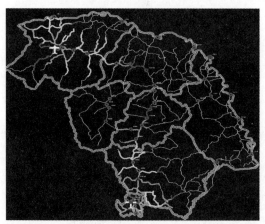

图5-16　大兴安岭地区机场可达性等时区间示意图

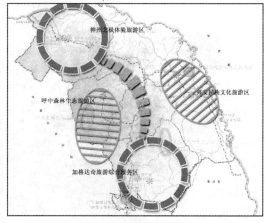

图5-17　大兴安岭地区旅游空间布局示意图

5.3　3S一体化在城市总体规划中的集成应用技术

5.3.1　3S一体化在城市总体规划中的集成应用技术体系

城市总体规划的内容包括：提出城市规划区范围；分析城市职能，提出城市性质和发展目标；提出禁建区、限建区、适建区范围；预测城市人口规模；研究中心城区空间增长边界，提出建设用地规模和建设用地范围；提出交通发展战略及主要对外交通设施布局原则；提出重大基础设施和公共服务设施的发展目标；提出建立综合防灾体系的原则和建设方针。

我国现行的城市总体规划主要是在20世纪50年代初期随着国家大规模建设开展而发展起来的，主要任务是为实现一定时期内城市的经济和社会发展目标，提出城市性质、规模和发展方向，合理利用城市土地，协调城市空间布局和各项建设的综合安排。从1953年开始到现在，我国城市大体上经过了四轮城市总体规划的编制与审批。第一轮是第一个五年计划期间编制的；第二轮是20世纪70年代末或80年代初编制的，一律考虑到2000年；第三轮是20世纪90年代编制的，多数考虑到2010年，是一个跨世纪的总体规划；第四轮是2004年以来编制的，基本的规划年限是到2025年。尽管我国的城市规划已经形成体系，逐步走向成熟，并且越来越受到各级城市领导的重视，但就城市总体规划的编制、审批和实施而言，仍存在着一些突出问题，主要体现在下列几个方面：编审周期太长（一般是1~3年）、法规弹性过大、规划质量差异悬殊、实施过程中随意性过大、与相关规划衔接不够。究其原因，城市化速度过快是一个重要因素，而规划编制和管理的技术手段落后是不容忽视的。因此，非常有必要面向未来，探讨数字城市总体规划的技术方法流程（图5-18），包括信息获取与处理、规划方案编制与优化、规划成果表达与管理等几个阶段。

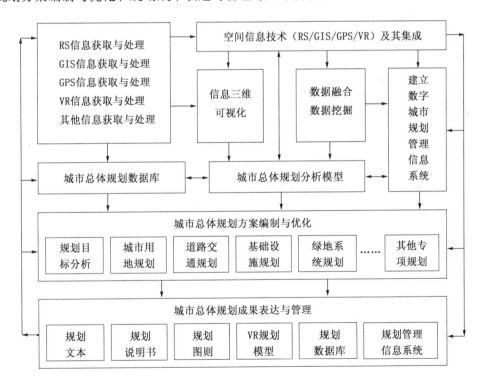

图5-18 城市总体规划中空间信息技术集成应用技术流程

5.3.2 示范应用（加格达奇城市总体规划）

（1）规划数据准备阶段

为解决规划区没有符合要求的现状地形图的问题，采用无人机航拍→GPS 控制点测量→快速立体测图的方法，为规划编制提供现状地形图（图 5-19~图 5-21）。

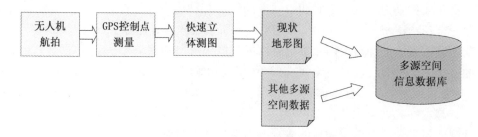

图 5-19 加格达奇地形图制作工作流程

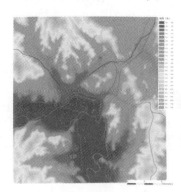

图 5-20 无人机拍摄高精度影像

图 5-21 GPS 控制点测量

（2）规划方案编制阶段

• 地形条件分析

应用等高线和高程点矢量数据（DLG）生成数字高程模型，完成高程分布、坡度、坡向等地形条件分析（图 5-22）。

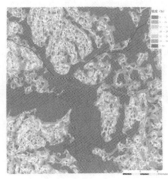

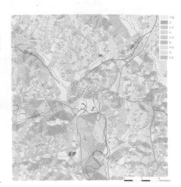

图 5-22 加格达奇地形条件分析

- 城市空间布局发展演变研究

收集1987～2008年间四期遥感影像，提取城市边界，分析城市发展方向变化过程（图5-23）。

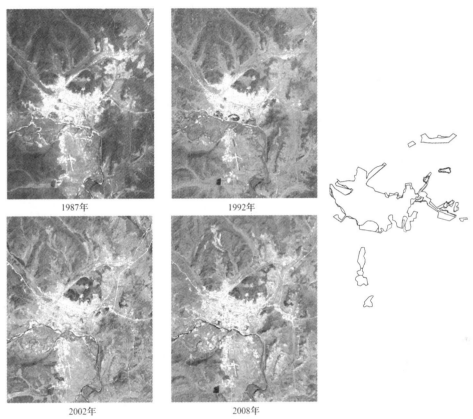

1987年　　　　1992年

2002年　　　　2008年

图5-23　加格达奇城市发展演变分析

- 城市功能结构提取

根据加格达奇市各类建设用地的空间分布现状数据，提取城市功能结构，为分析城市用地结构特征，分析用地结构存在的问题，制定合理的用地规划提供参考（图5-24）。

（3）规划方案优化对比阶段

- 道路交通辅助分析

通过空间句法的局部或全局连接值、控制值、深度值、集成度等结构及形态指标，认识现状道路空间结构及其与各类用地的布局关系存在哪些问题，对比不同规划方案中交通空间组织的合理性，辅助道路交通规划中对道路等级的划分以及道路功能的组织（图5-25、图5-26）。

- 视域分析

结合地形数据，选取不同观察点进行视域分析，为公共设施布局提供参考（图5-27）。

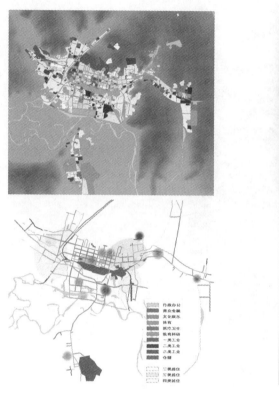

图 5-24　加格达奇城市功能结构提取

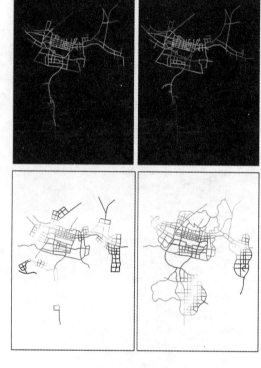

图 5-25　加格达奇现状路网与不同规划
方案路网结构空间句法分析

图 5-26　加格达奇道路等级规划方案

图 5-27　视域分析结果对比

5.4 3S、虚拟现实（VR）与三维仿真一体化技术在城市设计和详细规划中的集成应用技术

5.4.1 3S、虚拟现实与三维仿真一体化在城市设计和详细规划中的应用技术体系

城市详细规划是城乡规划体系中的重要环节，信息技术方法的应用对城市详细规划编制具有重要的作用。根据空间信息技术发展及其应用，当前城市详细规划编制的支持技术不是单一的，而是一个以 CAD 为核心，由一系列相关软件构成的信息技术支持体系。在这一体系中，诸多软件可以归为文字处理软件、图形绘制软件、图像处理软件、数据统计计算软件四大类。

尽管 CAD 及其他系列软件技术给城市详细规划编制工作带来了巨大的帮助和革命性的进步，但是，在科学蓬勃发展的今天，这套技术体系逐渐暴露出了许多严重的问题，越来越不能满足社会和城市发展的需要。以 3S 和 VR 为代表的空间信息技术方法在其引入到城市规划领域后，给城市详细规划编制带来了许多新的思想和方法，并且促进了详细规划的进步。在城市详细规划编制应用过程中，GIS 居于核心地位，因此在这里把这些应用在城市详细规划编制中的信息技术方法统称为 GIS 技术体系。

相对于原来的 CAD 技术体系，代表空间信息技术应用的 GIS 技术体系不仅能够完全满足制图的需要，还可以为详细规划的编制提供更丰富的基础数据编辑、进行更为客观的空间分析、实现更为充分的成果表达。虽然在当前情况下，GIS 技术体系还没有完全在详细规划编制中建立起来，但是，GIS 技术体系中软件的介入，已经充分体现出了重大的优势，具体表现在控制性详细规划编制的各个阶段——规划前期的基础数据获取、规划编制过程中的数据分析、规划成果的输出与展示（图 5-28）。

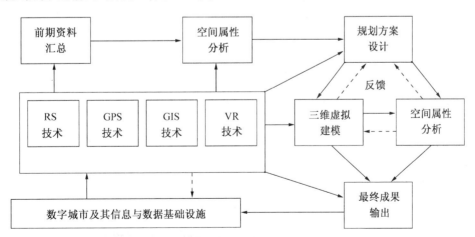

图 5-28 3S、虚拟现实与三维仿真一体化在城市设计和详细规划中的应用技术体系

　　3S、VR 与三维仿真一体化技术是在强调 3S 技术的空间分析功能的基础上结合 VR 和三维仿真技术的技术特征，它更加注重 3D 空间的分析和交互式 3D 的可视化功能。3S、虚拟现实与三维仿真一体化是将 3S 数据、CAD 数据、VR 场景数据等数据的融合应用，是集成的综合的应用。

　　实时辅助城市规划设计的 3S、虚拟现实与三维仿真一体化技术已经具备了高仿真的三维可视化的特征。相比单纯的虚拟现实和仿真技术，3S、虚拟现实与三维仿真一体化的技术具有更多、更加直观的空间分析数据和分析手段，相比传统的二维 GIS 分析技术，三维 GIS 的空间扩展和展示更加具有可视化和交互性。3S、虚拟现实与三维仿真一体化的技术使得传统的沙盘演变为数字化沙盘。利用三维 GIS 平台（3S、虚拟现实与三维仿真一体化平台）将展示内容利用的技术及数字沙盘技术转化为身临其境的漫游欣赏和分析决策过程，规划和现状的场景融合对比、规划的多方案组合对比等手段变成高层次决策过程的高效工具（图 5-29）。

图 5-29　基于 3S、虚拟现实和三维仿真技术的数字沙盘
（北京朝阳规划馆数字沙盘实景拍摄）

5.4.2　城市设计和详细规划的二、三维融合技术

　　3S、VR 一体化技术的介入极大地推动了城市设计和详细规划的技术进步，本研究成果中的关键技术之一——城市设计和详细规划的二、三维融合技术是在实现了二、三维联动技术的技术上，将二、三维功能完全融合在一个系统中，在三维上操作二维的分析功能、在二维上平滑过渡到三维场景。其设计思路是：从客户端做到二维 GIS 和三维 GIS 功能的融合，二维功能和三维功能可平滑过渡。比定位的二、三维联动更进一步。系统的数据权限和功能使用权限是统一管理的，达到一致融合。从数据层面二维数据和三维数据的存储相对统一，在数据使用上达到融合，在三维场景中可以叠加和使用矢量图层分析计算并将计算结果三维虚拟可视化展示，同时，二维的空间数据可快速构成建筑体块，并参与三维场景下的空间分析，二维的属性数据可以参与三维空间分析等（图 5-30）。

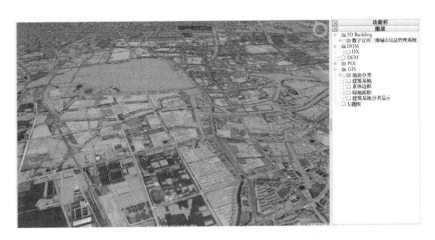

图 5-30 详细规划应用中的二、三维融合

5.4.3 规划设计的虚拟现实技术应用研究

城市规划从收集编制所需要的相关基础资料，到编制具体的规划方案，再到规划的实施以及实施过程中对规划内容的反馈，是一个完整的过程（谭纵波，2005），是将规划目标和规划指标等向有形的空间转换的过程。在城市规划的编制过程中利用 VR 技术实施辅助规划设计可以遵循以下流程（图 5-31）。

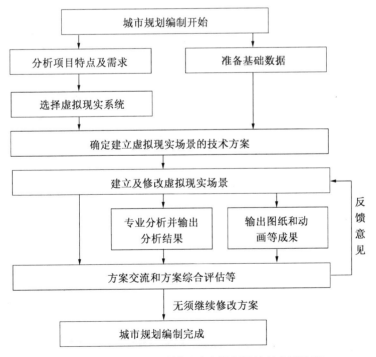

图 5-31 VR 技术实时辅助城市规划设计的典型流程

从图 5-31 可以看出，随着规划方案的不断完善，VR 场景也处在一个不断修改的过程中，直到相关各方都满意为止。但是，在着手建立 VR 场景之前，首先需要根据项目的特点和要求选择 VR 系统并确定建立 VR 场景的技术方案，这两个步骤需要非常慎重地对待，否则，如果在开始建立 VR 场景之后再更换 VR 系统或改变建立 VR 场景的技术方案，均会影响项目进度并造成人力、物力的浪费。

（1）应用于城市规划的 VR 系统选择

应用于城市规划的 VR 系统通常由硬件系统和软件系统组成。硬件系统包括计算机平台、显示系统、虚拟外设。计算机系统平台采用工作站或者服务器。显示系统运用头盔或者显示投影系统配合立体眼镜。虚拟外设包括跟踪设备、交互设备系统、虚拟音效系统等（顾朝林等，2002）。软件系统则包括建模软件和演示软件（Laurini R.，2001），建模软件和演示软件可能是多个独立的软件，也可能是多种功能集成于一体的软件。

目前，已有的城市规划 VR 系统可以分为专业系统和简易系统两大类。专业的 VR 系统通常存在于专门的 VR 实验室中，具有成套的硬件设备，配备专业的 VR 软件，这种系统通常操作比较复杂，但成果深度比较高，整体功能很强大。简易的 VR 系统则是个人电脑配合一些常用的 3D 软件，可以实现用户与 VR 场景的实时交互，但是由于受到硬件设备的限制用户只能获得比较有限的沉浸感（Immersion），这种系统的特点是成本低、操作简单、效率高、适合大规模推广。

规划项目不同，VR 技术的应用方式和应用深度也必然有所不同。对于重大项目而言，结合 VR 实验室的建设选择专业系统还是非常有必要的。对于大量的普通项目而言，简易系统比较适合。因此，短期内的实时辅助城市规划设计的 VR 系统应该是少量的专业系统与大量的简易系统并存的状态。

（2）确定建立 VR 场景的技术方案

确定建立 VR 场景的技术方案的过程也就是一个考虑选择什么样的软件、如何减少建模工作量、如何控制场景数据量、如何应对未来可能发生的场景修改需求等问题的过程。对于表现城市规划方案的 VR 场景而言，场景工作量和数据量的主要决定因素包括用地范围的大小、地形的复杂度和模型的精度等。

（3）VR 系统功能的综合应用探讨

当前，可应用于城市规划设计的 VR 软件种类很多，它们所提供的功能也多种多样，对于实时辅助城市规划设计而言，建模功能、交互功能、场景管理功能、演示功能、数据兼容和成果输出等功能是常被用到的，这些功能具有很切实的应用价值。不同的功能都有其具体的表现形式及对应的典型应用。

（4）基于 VR 平台的规划设计专业分析

现有 VR 软件所能提供的专业分析功能主要有视线通达性分析、日照分析和规划指标计算等。

6 城市规划辅助分析软件开发

6.1 概述

6.1.1 计算机辅助规划系统

在城市规划过程中所使用的计算机软件系统称为计算机辅助规划系统（Computer Aided Planning，简称CAP）。计算机技术最初应用于规划是20世纪50年代末，而从20世纪80年代前期开始，随着硬件水平的提高、成本革命性的降低、大众软件的发展以及地理信息系统的兴起，计算机辅助规划系统发生了显著的变化。在城市规划领域，不同阶段的计算机技术发展水平往往也对应着计算机辅助城市规划形式的重要变革，主要经历了规划算法、简单规划模型、电子数据处理系统、信息管理系统（MIS）、决策支持系统（DSS）、地理信息系统（GIS）、空间决策支持系统（SDSS）等多个阶段（图6-1）。

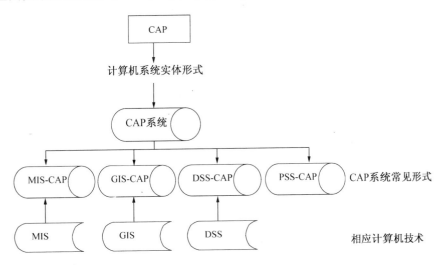

图6-1 CAP系统沿革示意图（龙瀛，2007）

目前，以面向对象技术、GIS技术、网络技术、组件技术、数据库技术和可视化技术等为代表的计算机技术日益成熟，也促进了新一代计算机辅助规划系统——规划支持系统（Planning Support System，PSS）的发展。

6.1.2 城市规划辅助分析平台

城市规划辅助分析平台致力于为城市规划编制提供科学高效的数据处理与空间分析手段，

从而提高城市规划业务部门的工作效率。面对规划行业日新月异的发展以及规划业务的多元化需求，城市规划辅助分析系统以地理信息技术为基础，以数据库技术、数据处理技术、通信技术等技术为依托，以空间分析模型和方法体系为技术支撑，为城市规划编制工作提供科学、可靠、高效的空间分析与辅助决策工具。同时，城市规划辅助分析平台旨在开发一个专业的、易用的、界面友好的应用平台。

目前在城市规划领域，空间分析模型与3S技术（主要是GIS）结合的形式按照紧密程度主要包括三种：松散联结、紧密联结和完全集成（Harris，1989；Harris，1993；Batty，1995；Klosterman，1995）。

松散联结，主要实现GIS和分析模型之间的数据导入和导出，数据从GIS中导出到模型中作为模型输入，而模型的输出也可以返回到GIS进行显示和进一步的空间分析。这种结合方式一般不需要代码的编写，也是现阶段使用最多的一种结合方式，但往往要求用户同时对GIS和分析模型熟悉，并且需要的工作量也较大。

紧密联结，是在GIS环境中编写模型程序，即利用GIS专业软件提供的二次开发语言，对软件进行二次开发，把模型的算法用GIS专业软件的二次开发语言表达出来，实现模型与GIS的数据交换。这种结合方式需要开发者有程序设计的基础，现阶段使用得比较多，相比松散结合方式，应用效率有明显提高。

完全集成，是把模型和GIS集成在一起，采用二次开发技术，直接在模型中进行数据的计算、获取、分析、表达，同时也可以进行参数的率定、灵敏度分析、不确定性分析等工作。目前，多用VB或VC的面向对象编程语言对MO或AO等GIS专业组件进行二次开发，在一个平台的同一界面实现GIS与模型的结合。这种趋势目前正在逐渐增强，这就把规划者从分析模型中解脱出来。

对于规划辅助分析软件，其内部的模型与GIS的结合方式，上述三种形式都存在，只是不同的结合模式适合不同的发展阶段。现阶段模型和GIS的结合多数还处于松散联结的阶段，而完全集成的方式是规划支持系统的发展方向和目标。

结合国家十一五科技支撑项目"基于3S和4D的城市规划设计集成技术研究"，以中国城市规划设计研究院为牵头单位的研究团队，针对城镇体系规划、城市总体规划、城市设计与详细规划分别设计、开发了相应的辅助分析平台。这三个平台具备了较完善和稳定的数据处理、空间分析功能和辅助决策功能，是目前比较系统、先进的计算机辅助城市规划系统。

6.2 软件平台设计与开发

软件开发严格遵循软件工程方法，用工程化的思想去设计和实现。严格按照软件需求分析、软件设计、软件编码、软件测试和软件维护几个阶段进行（图6-2）。

系统设计与建设遵循以下原则：

● 实用性：实用性是直接影响系统运行效率和生命力的最重要因素，也是系统开发首要遵循的原则。该系统的最终用户是城市规划编制部门，必须保证系统的实用性，才能体现出

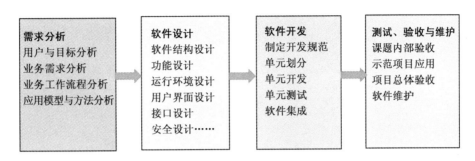

图 6-2　城市规划辅助分析软件的开发进程

系统的真正价值所在。

    ●先进性：在技术上，采用当前先进而成熟的技术，设计合理。在软件开发思想上，严格按照软件工程的标准和面向对象的理论来设计、管理和开发，力求保证系统建设的高起点。

    ●集成性：系统应具有开放的数据接口，实现与现有系统数据的高度集成与功能共享，以求充分利用企业现有资源，减少浪费，降低开发成本。

    ●可扩展性：系统的数据内容随系统的运行而动态变化。随着城市的发展，基础数据库数据、管网数据都将发生相应的变化。

    ●安全性：系统的安全性是一个优秀系统的必要特征，系统应遵循安全性原则，充分考虑权限和数据保密等情况。

    ●稳定性：在系统设计、开发和应用时，应从系统结构、技术措施、软硬件平台、技术服务和维护相应能力等方面综合考虑，确保系统较高的性能和较低的故障率。

    软件在设计与开发过程中与面向城市规划编制的空间分析模型研究、集成技术体系研究和示范应用的成果紧密衔接，并充分考虑规划编制从业人员的工作习惯，使软件产品真正能够服务于规划编制工作，提高城市规划的辅助决策能力和专业人员的工作效率。

6.2.1　软件系统结构设计

    系统架构采用分层的思想，每层的各个模块具有功能上的相似性，但是不存在调用关系；层间各模块则具有较低的耦合度，以便各层独立拓展，而不影响其他层的功能。每层由若干个相互独立的模块构成，通过调用下层模块提供的接口，实现更高级的功能，然后再提供给上层调用。这样，下层提供基本、原始的功能，上层进行组合、深化，从而建立起面向各个层次、不同专业、可伸缩的应用系统。

    由于三个软件使用方向有所不同，分别针对城镇体系规划、城市总体规划、城市设计和详细规划，尽管都采用分层结构，每个层次的内容和涉及的关键技术却有所不同。如图 6-3、图 6-4 所示。

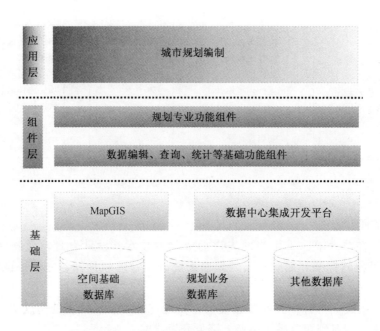

图 6-3 3S 一体化辅助城市总体规划软件体系结构

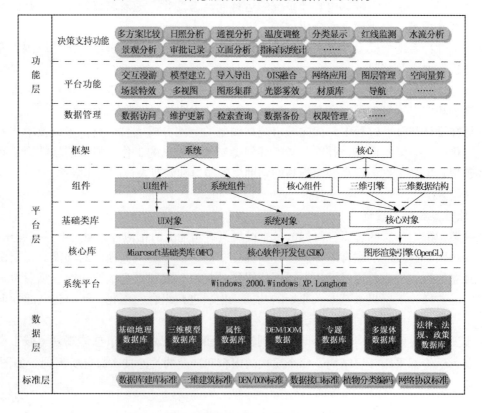

图 6-4 3S、VR 与三维仿真技术辅助城市设计和详细规划软件体系结构

6.2.2 数据分析与接口设计

城市规划数据具有多来源、多尺度、多格式、多结构等特征，这种多源异构性使得数据之间存在"缝隙"，为数据的管理和综合应用带来了难度。

课题针对城镇体系规划、城市总体规划、城市设计和详细规划编制工作的研究内容和业务特征，分析了不同软件需要处理的数据特点。包括数据来源、数据类型、数据结构、数据用途、数据处理流程、数据存储方法等。

以城市总体规划软件的数据分析与设计为例，系统可以支持的数据类型包括 Txt、Mif、E00、Shape、Dxf 等外部数据格式和数据库表格数据，也可以平滑支持 MapGIS 6X 数据和 MapGIS GDB 数据（图 6-5）。其他数据、表格数据、MapGIS 6X 数据和 MapGIS GDB 数据可以导入城市规划地理数据库，该系统中规划业务分析所用栅格数据、遥感影像数据、城市数据、路网数据等都直接从地理数据库中存取。

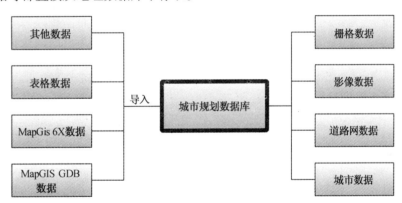

图 6-5　3S 一体化辅助城市总体规划软件数据模型结构

6.2.3 系统功能设计

三个软件系统功能存在相同部分，都具有系统管理、数据处理与管理、基本空间分析和专业分析功能。而根据不同类型的规划特点，软件在功能设置上各有特点。

城镇体系规划编制涉及内容广，数据种类与内容庞杂，参与人员多，因此软件在功能设计上特别注重数据共享和项目协同（图 6-6）。

针对城市总体规划编制的尺度，存在大量遥感影像和其他栅格数据的分析需求，这在系统功能设计中也得到了体现（图 6-7）。

3S、虚拟现实与三维仿真技术辅助城市设计和详细规划软件增强了三维表达与分析的功能（图 6-8）。

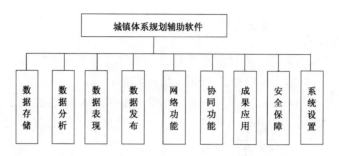

图 6-6 3S 一体化辅助城镇体系规划软件功能结构设计

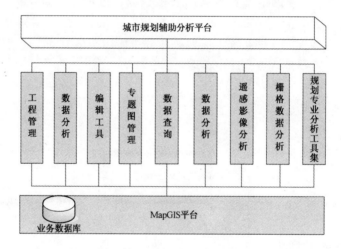

图 6-7 3S 一体化辅助城市总体规划软件功能结构设计

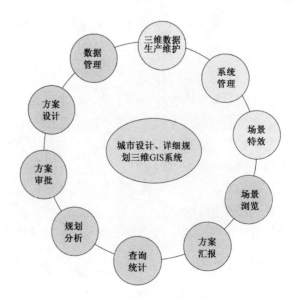

图 6-8 3S、VR 与三维仿真技术辅助城市设计和详细规划软件功能结构设计

6.2.4 系统界面设计

辅助分析平台的功能界面采用简略流行的风格设计，如图6-9所示。

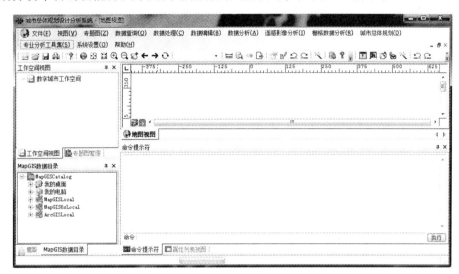

图6-9 城市总体规划辅助分析软件功能界面

界面的上方为标题栏，显示系统名称；紧接着是菜单栏和工具栏；左侧停靠面板是工作空间视图、专题图管理、鹰眼和 MapGIS 数据目录面板；右侧是地图视图和命令提示窗口和属性列表视图。

6.3 系统功能

6.3.1 系统基本功能

结合城市规划编制的业务需求和空间信息数据处理与分析的技术特征，城镇体系规划辅助分析软件、城市总体规划辅助分析软件、城市设计和详细规划辅助分析软件均具有相关的系统基本功能，这些基本功能包括系统管理、数据转换与处理、数据编辑与管理、数据浏览与查询、专题图制作与输出等。下面以城市总体规划辅助分析系统为例介绍部分基本功能。

（1）数据查询

• 空间查询

通过区图层空间查询、或者 SQL 属性查询、或者指定距离查询的方式，将符合条件的图元提取到新文件中。如图6-10所示。

• 范围查询

根据属性条件，交互查询项目数据中符合条件的结果（图6-11）。

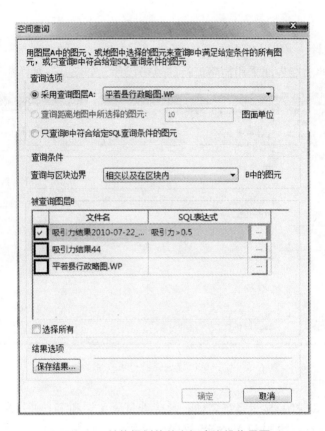

图 6-10 总体规划软件空间查询操作界面

（2）空间量算

包括距离量算、角度量算、面积量算和图元量算工具。主要用来测量起点和终点的距离、两线之间的夹角、测量区域的面积和计算被选图元的图面面积、图面周长、实地总面积和实地总周长等。图 6-12 所示为量算结果对话框。

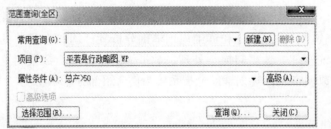

图 6-11 范围查询对话框

图 6-12 空间量算结果对话框

（3）数据处理

系统支持多种空间数据格式。用户可以应用数据转换工具方便实现不同格式空间数据之间的转换。图 6-13 所示为数据转换对话框。

(4) 数据编辑

系统提供包括多种对空间数据的编辑方式，编辑内容包括对图形进行增加、删除、分割、合并等修改，也包括对图形显示参数的修改。系统提供丰富的显示符号，方便用户按照各自的想法和用途对图形进行显示，进而制作专题图。图 6-14 所示为图层显示信息编辑对话框。

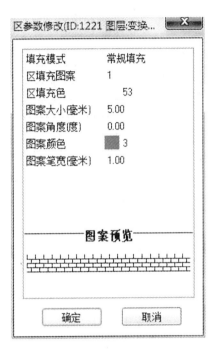

图 6-13　数据转换对话框

图 6-14　区参数修改

系统实现了图形窗口和属性窗口的联动，方便用户查询地物属性特征；用户还可以方便地对图层属性结构和具体地物的属性特征进行修改。图 6-15 所示为属性浏览窗口。

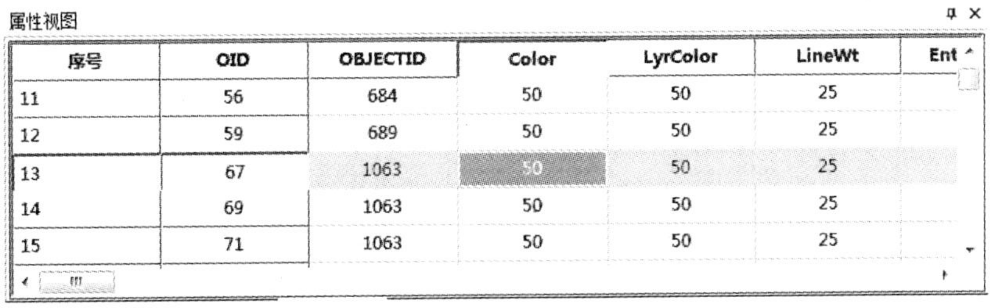

属性视图

序号	OID	OBJECTID	Color	LyrColor	LineWt	Ent
11	56	684	50	50	25	
12	59	689	50	50	25	
13	67	1063	50	50	25	
14	69	1063	50	50	25	
15	71	1063	50	50	25	

图 6-15　属性浏览窗口

6.3.2 系统空间分析功能

针对课题研究内容，根据空间分析模型和分析方法体系的研究成果，各软件开发了空间分析模块和功能，包括基本空间分析和专业空间分析两部分。根据不同类型城市规划编制的工作需求，软件包含的分析功能也各不相同。

以城市总体规划软件为例，基本的空间分析功能包括缓冲区分析、叠加分析、统计分析、栅格运算等；专业分析主要是针对空间分析模型的研究成果，结合城市总体规划编制的工作需求，将模型合理组织和实现。具体功能包括人口规模预测、城市建设用地演变分析、城市建设用地空间形态评价、空间句法分析、路网结构评价、公共设施布局分析、城市用地建设适宜性综合评价、排水分析等。

（1）基本空间分析功能举例

• 缓冲区分析

就是在点、线、面实体周围建立一定宽度范围的多边形，这些多边形将构成新的数据层。如果缓冲目标是多个，则缓冲分析的结果是各个目标的缓冲区合并，碰撞到一起的多边形将被合并为一个区图元。功能界面如图6-16所示。

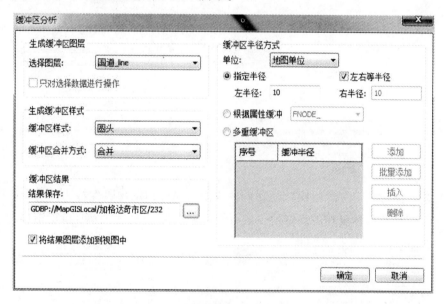

图6-16　缓冲区分析界面

• 主成分分析

把原来多个变量划为少数几个综合指标的一种统计分析方法。用于地理数据的降维处理及地理现象的因素分析与综合评价（图6-17）。

（2）专业空间分析功能举例

• 城市空间形态分析

在分析结果对话框中显示了城市中心偏离度、城市形态离散度、城市空间放射状指数和城市形态紧凑度的四个分析指标结果（图6-18）。

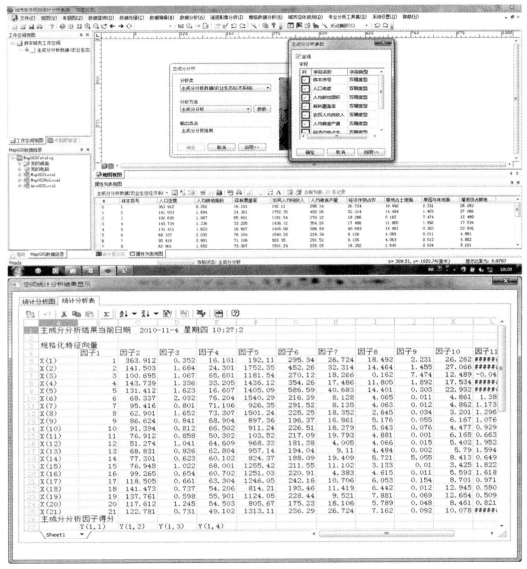

图6-17　主成分分析界面

●景观指数计算

应用景观类型分布数据，选择不同的计算指标计算景观指数，根据计算结果分析区域景观格局。

景观指数的分析方式包括斑块和类型两种，斑块类型层次计算某一景观类型所有斑块的景观指数，景观区域层次计算某一区域或生态系统的整体景观指数（图6-19、图6-20）。

图 6-18　城市空间形态评价界面

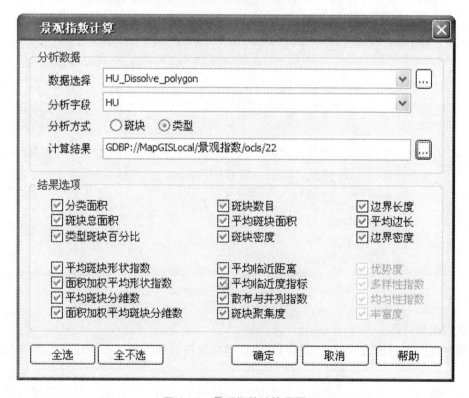

图 6-19　景观指数计算界面

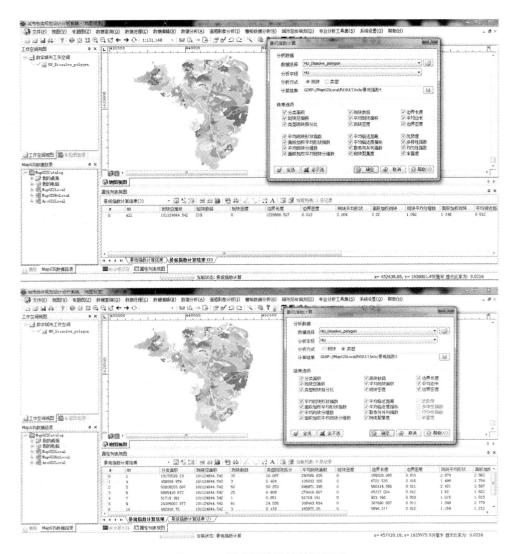

图 6-20 景观指数计算结果界面

6.4 软件特点

6.4.1 符合城市规划编制工作内容需要

　　软件在设计过程中对城市规划编制的工作内容、工作流程以及分析重点进行了深入研究，针对不同类型规划的编制开展了需求分析与软件功能设计，以保证软件能够在功能设置和功能组织上真正符合城市规划编制工作的需要。

　　以城市设计和详细规划辅助分析软件为例，根据规划编制的特点，为规划编制人员提供了在三维中设计、在数据中设计和在交流中设计的工作平台。

• 在三维中设计

为用户提供简单直观的三维设计工具，用于快速创建城市模型，并可不断调整，直至获得理想的城市空间（图6-21）。

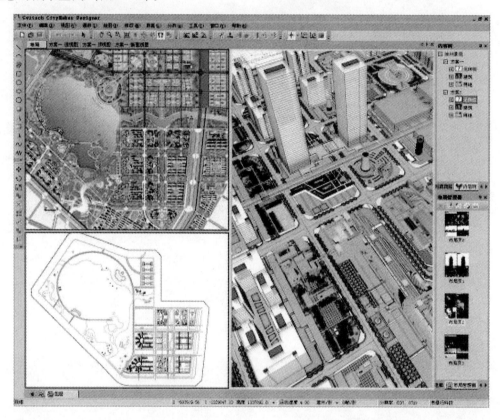

图6-21 城市设计和详细规划软件的特点——在三维中设计

• 在数据中设计

内置了五大规划元素：建筑、用地、道路中心线、景观和用户。用户可根据需要添加新的规划元素，并使用与三维场景关联的规划指标表格，随着设计的变化实时计算出当前的各项指标值，作为设计调整的依据（图6-22）。

• 在交流中设计

为了满足规划审批汇报以及规划方案的交流，提供了多方案比选、特定场景导航和城市线路导航等功能。使用方便易用的多种交流工具，随时传达设计理念，有助于成果展示及团队合作（图6-23）。

ID	名称	高度	分层数	相对基础高度	基础面积	分层面积总和	所属地块ID	所属地块
1	10000001	a-步行街内路灯117	3.22744	1	0	0.0208531	0.00359104	N/A	N/A
2	10000002	a-步行街内路灯150	3.22744	1	0	0.0208531	0.00359104	N/A	N/A
3	10000003	a-7天连锁酒店01	47.4553	1	0	3754.53	2916.38	N/A	N/A
4	10000004	a-中国银行201	12.1704	1	0	1744.12	1744.12	20000008	地块1
5	10000005	-中华国药局零建筑01	22	1	0	877.429	879.767	N/A	N/A
6	10000006	a-步行街内路灯101	3.22744	1	0	0.0208531	0.00359104	N/A	N/A
7	10000007	君丽宾馆01	14.4991	1	0	393.87	393.87	N/A	N/A
8	10000008	a-围墙补201	3.6T532	1	0	120.956	120.956	N/A	N/A
9	10000009	a-b-a5-0101	98.2904	1	0	0	2658.71	20000007	地块10
10	10000010	a-红旗纺布香01	18	1	0	1780.32	1099.39	N/A	N/A
11	10000011	数字长沙001A-J001	21	1	0	1450.85	799.843	N/A	N/A

图 6-22　城市设计和详细规划软件的特点——在数据中设计

图 6-23　城市设计和详细规划软件的特点——在交流中设计

图6-24 城镇体系
规划辅助分析
软件专业空间
分析模型工具菜单

6.4.2 集成了模型和空间分析方法的研究成果

课题通过空间分析模型和空间分析技术方法上的研究，建立了适合不同尺度和类型规划编制的空间分析模型集合，以及空间信息技术在不同类型城市规划编制中的应用技术体系，为软件开发提供了坚实的基础。使软件的空间分析工具能够符合不同类型城市规划编制的需求，提高了分析过程和分析结果的科学性。以城镇体系规划辅助分析软件为例，专业空间分析模型工具菜单如图6-24所示。

6.4.3 增强了数据处理能力

根据目前城市规划编制工作中常用空间数据的特点，结合多源空间数据集成应用的研究成果，软件开发了强大的数据处理工具，同时软件的空间分析工具也具有强大的数据兼容功能，能接受多种类型的数据输入。

另外，针对目前规划编制中基础空间数据质量较低的问题，软件提供方便快捷的数据编辑与处理工具，使规划人员能够方便快捷地对数据进行加工处理，使数据达到满足空间分析要求的质量。

• 地形图自动拼接

实现矢量数据的自动拼接，减少数据处理时间（图6-25）。例如，玉树530幅1:500地形图软件自动拼接只需5min。

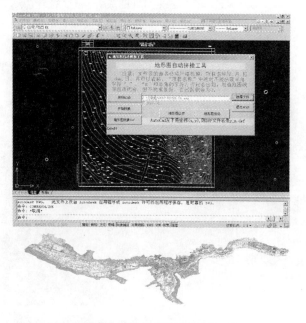

图6-25 地形图自动拼接功能(城镇体系规划软件)

● 等高线赋值模型

针对目前地形数据质量难以保证，等高线高程往往没有赋值的问题，开发自动赋值功能，以提高数据处理工作效率（图6-26）。

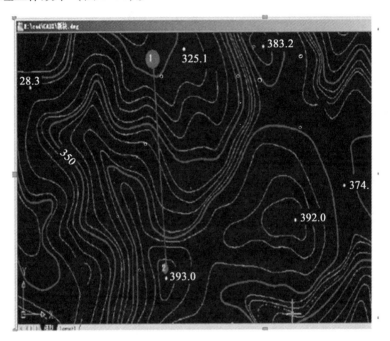

图6-26 等高线赋值功能（城镇体系规划软件）

6.4.4 空间分析界面简单友好，拓展规划编制人员分析能力

按照城市规划编制的工作内容和特点设计与开发软件，将与城市规划编制相关且符合规划分析内容需求的专业空间分析模型和方法在软件中实现（例如植被指数计算、景观格局分析、空间句法分析、排水分析等）。为城市规划编制人员提供有力的分析工具，拓展分析的专业范围，提升规划编制人员的空间分析能力。

针对这些空间分析功能，在软件开发过程中充分考虑规划编制人员的知识结构和工作习惯，使界面更加友好，输入参数更加简洁，分析结果的表达更加清晰易懂，并提供完善的联机帮助，说明模型的来源、功能及使用方法等。以空间句法分析功能为例，将分析过程拆解为数据处理和数据分析两部分，输入参数简单易懂，分析结果包括图形和表格两部分（图6-27、图6-28）。

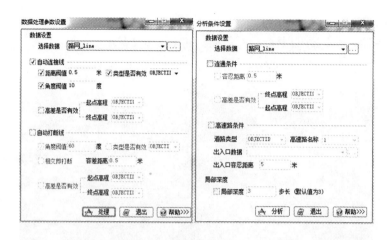

图6-27　空间句法分析数据处理与数据分析界面（城市总体规划软件）

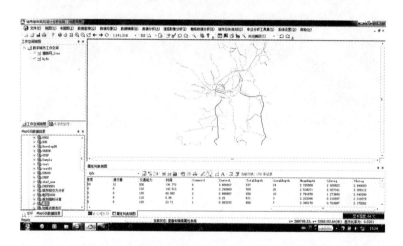

图6-28　空间句法分析结果（城市总体规划软件）

6.4.5　提高城市规划编制工作效率

（1）提高数据管理与编辑的工作效率

借助地理信息系统强大的数据管理功能，通过建立数据库，实现规划项目海量数据的有效管理、共享与协同，不仅提高数据管理的标准性与安全性，也大大提高规划编制的工作效率。

（2）提高空间分析的工作效率

通过提供空间分析工具，使以往通过多个软件、多个步骤才能完成的分析过程得以简单实现。

以城镇用地变化分析为例，应用其他软件，需要经过两期数据的空间叠加、数据统计、指标计算、分析结果专题图制作等一系列步骤完成，应用城市总体规划分析软件，仅在一个功能界面中进行输入参数设置，即完成上述分析过程，提供给用户图表结合的分析结果，并且实现表格与专题图的关联和联动（图6-29）。

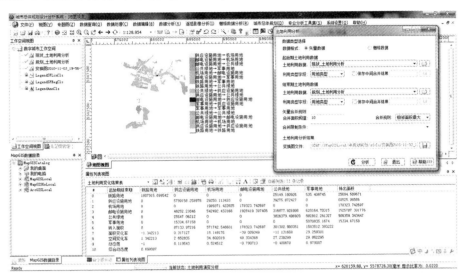

图6-29　城镇建设用地变化分析（城市总体规划软件）

再以城镇吸引力分析为例，应用普通 GIS 软件，需要经过城镇间两两连线、距离计算、指标计算、分级显示、专题图制作和统计报表输出等繁琐步骤，而应用城镇体系规划软件中的吸引力分析功能，可以在一个分析界面下方便实现上述功能，并生成图形和表格联动的分析结果，以及直观清晰的专题图（图6-30）。

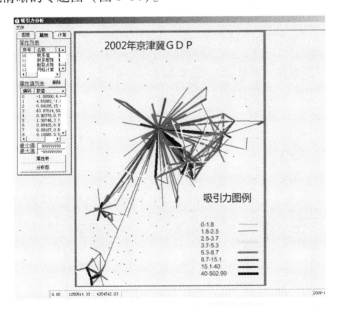

图6-30　城市吸引力分析（城镇体系规划软件）

7 基于3S、虚拟现实与三维仿真技术的城市规划设计集成平台研究

数字城市规划是对城市规划发展方向的一种描述，是指包括各种空间信息技术、网络技术、数据库技术以及数字化技术在内的各种信息技术参与城市规划的各阶段工作，指导城市规划工作有序进行的过程。数字城市规划是未来的发展趋势，而建立空间信息技术的集成应用平台是实现数字城市规划的发展方向。

数字城市规划中空间信息技术的集成必须通过基于SOA的集成平台来体现，其核心功能包括：业务活动建模、业务数据管理、基础服务的构建与管理、数据交换与共享。在该集成平台中，采用SOA作为基础框架，希望能通过集成平台消除业务软件的异构与差异性，使得业务活动之间的数据能够更好地传递和共享。

7.1 集成关键技术

对于构建城市规划空间信息技术集成平台，目前还存在一些相关技术问题需要进一步探讨与研究，包括多源空间数据集成技术、基于开放数据标准与空间数据元数据的数据交换与互操作技术、海量空间数据仓库构建技术、空间信息挖掘与智能空间决策支持系统构建技术、基于开敞数据流网络的公众信息制导规划方案测评技术等。本丛书针对上述问题开展了广泛而深刻的研究，取得了大量成果。

7.1.1 面向城市规划的多源空间信息集成本体技术研究

（1）本体在数据集成中的作用与优势

本体最早是一个哲学上的概念，从哲学的范畴来说，本体是客观存在的一个系统的解释或说明，所关心的是客观现实的抽象本质。在计算机领域，Gruber最早提出了本体的概念："本体是概念化的明确的规范说明"（陈凯等，2005）。Studer等对多种本体定义进行了深入的研究，认为本体是"共享概念模型的明确形式化规范说明"（吴昊等，2005）。该定义包含四层含义：概念化、明确化、形式化和共享。概念化指通过抽象出客观世界中的一些现象的相关概念而得到的概述模型；明确化则是精确定义概念及它们之间的关系；形式化是精确的数学描述，即能够被计算机进行处理的；共享反映的则是使用者对知识的共同认可。一个本体是一套关于某一领域的规范而清晰的描述，它包含类（或概念），每个概念的属性描述了有关概念的各种特征和属性以及属性的限制条件。

在数据集成的许多经典论述中，都将本体及其相关技术，作为达到系统互操作的数据集成方案的基础。具体来说，本体在数据集成中起着公共语义描述、查询模型、推理基础三大

作用（Wache，et al.，2001）。

数据集成技术的研究开始于 20 世纪 70 年代中期，至今已有 20 多年的历史了。从开始的多数据库集成发展到现在的异构数据集成，数据集成的范围和作用都在扩大。期间，大都依靠虚拟视图法和数据仓库等技术来解决数据集成的问题。异构数据的异构性通常分为四类：系统、语法、结构和语义。到目前为止已经开发出了多种技术来解决这些问题，前三种类型的异构已可以利用诸如 CORBA、DCOM 等各种中间产品来解决。

XML 出现之前的数据集成系统大多使用关系模型或对象模型作为公共数据模型。本体和面向对象有着紧密的联系，本体期望通过对领域共享概念模型的描述来促进人机协作，在如何描述领域共享概念模型的时候，很多本体语言都使用了面向对象的方法，认为领域内存在类，类有自己的实例，类和类之间通过属性联系起来等。因此，从这个意义上来说，面向对象是一种分析、描述领域的方法，两者本质上是不同的。

通常本体模型和面向对象模型（O-O 模型）被看做不同的模型，因此用不同的语言来刻画它们。OWL 是用于本体描述的语言，UML 是用于面向对象建模的语言。这两者之间既有不同点，也有共同的部分（Holger Knublauch，2000）。

本体作为记录描述各个领域概念系统的工具，把领域内默认和隐含的概念系统显示和形式化地表达出来，为数字城市规划的基于语义的集成和互操作奠定基础。本体系统由概念和概念之间的关系组成，概念的语义通过概念类的属性集合描述，概念之间的关系通过概念类的层次结构表示，这种层次模型保证了在本体系统中高层的概念相对底层概念在语义上更加抽象和概括，描述了对象的基本特征，而底层概念则较为具体，可以针对不同的应用。这样就可以把概念类的内涵和类之间的关系显示和形式化地表达出来。因此，使用本体技术进行数据集成研究可以从根本上解决语义异构的问题，并在语义级上实现信息集成。它在某种程度上可以大大提高多源异构数据集成的效率，并扩大数据共享的层次和范围，从这个意义上来说，它是当前存在的其他数据集成技术无法比拟的。

（2）面向规划数据集成的规划本体构建

从应用的角度来看，规划本体主要由规划知识中的概念、概念间的关系以及计算机可以识别的形式化描述语言组成。构建规划本体的目标是要形成对于规划信息组织结构的共同理解、认识并分析规划领域的知识，为进一步建立规划语义网络奠定基础。因此，规划本体论是关于用计算机语言规范规划知识概念表示、进行规划知识组织、开展规划知识服务的科学方法论。规划本体论包括规划的专业概念或范例，是一种对应用知识的正式描述，也是对各种概念的定义。在规划本体论中或规划知识组织系统中，它显示规划各种概念之间的关系，可以用电脑进行加工处理。

在以数字城市规划为主要研究对象，以数字城市为背景，RS、GIS、GPS、VR、网络通信、数据库管理等众多信息技术为支撑的情况下，采用本体技术对规划数据进行集成，并采用具体的本体描述语言来描述规划数据，以解决规划数据集成过程中出现的语义异构的问题。

本体的构建过程分为如下三个阶段：

第一阶段：建立共享词汇库（全局本体）。这个阶段主要包括三个主要步骤：分析规划

111

各阶段所需的数据内容、查找原语和定义全局本体。

第二阶段：建立局部本体。这个阶段包含两个主要步骤：分析规划数据和定义局部本体。

第三阶段：定义映射。定义全局本体和局部本体之间的概念映射和关系，解决语义异构问题。

1）规划本体构建过程

规划本体构建包括前提分析、规划本体信息描述、确定本体概念的属性集三个过程。

● 前提分析

构建全局本体之前需要对所建立的本体能力进行分析。在数字城市规划中，本体能力解决的是如下这些问题：①数字城市规划有多少种类型？②当我们进行数字城市规划时，通常关注哪种类型的规划数据？③每种规划数据各自的特点是什么，有什么优势和缺陷？④如果只选取一种数据，是不是能够满足数字城市规划的需要？⑤哪种数据是数字城市规划中最常用的数据？⑥规划的不同阶段分别需要哪些数据？⑦每种数据都需要根据时间来进行更新吗？⑧更新的时间间隔最好是多长？根据这些问题，规划本体就至少应该包含规划类型和数据类型。

● 规划本体信息描述

在构建全局本体之前，需要对领域里的概念和关系进行分析，这是整个本体建模的基础。领域本体是指：在一定的领域中可重用，提供该特定领域的概念定义和概念之间的关系，提供该领域中发生的活动以及该领域的主要理论和基本原理等的一种本体。一个领域内的概念通常具有内涵定义精确、外延易于确定的特点。而且，领域本体和应用本体的划分并不具有严格的标准，某一领域内的应用本体可能是另一领域的领域本体，两者之间的关系是相辅相成的。

在数字城市规划中，从数据基本概念入手，确定的基本概念有空间数据和属性数据。在此基础上的下一层的概念是：数据编号、数据获取时间、用户名、部门名等。

● 确定本体概念的属性集

领域专家对本体系统中的每个概念确定其属性集，操作的顺序从本体的树形结构的高层逐步向底层推进，即首先定义本体系统中高层概念的属性集，然后依次定义其各级子类概念的属性（Ontology Development 101）。这样做是因为高层概念语义抽象，概念属性少，方便定义。定义子类概念时首先通过继承机制从其父类获得属性集作为有共同父类的概念之间的共享属性，再加入子类概念特有的属性，所有的属性从基本本体系统中抽取。在数字城市规划中，确定数据本体的属性集为：范围、位置、坐标体系、时间、数据供应商，这些属性描述了数据的共性，可以被所有数据类型集成。

2）创建规划本体个体

● 本体的OWL描述

使用OWL描述本体，就是用OWL中定义好的元本体对概念和关系进行形式化表述，最重要的是定义类、子类、属性和它们各自具有的特性。在数字城市规划的本体构建过程中由于采用的是Protégé工具，因此可由其自动生成OWL文件。

●本体类的构建

本体的构建通常都是从定义类开始的，在数字城市规划中，首先列出该领域概括性的概念作为根类，在每个根类下逐级细化构建了如图7-1所示的这些类别，并根据这些所建的类创建相应类的个体。在数字城市规划中，针对栅格数据类，创建了 RS 和 DWG 等个体；针对矢量数据，则创建了 GIS 等个体。

7.1.2　面向城市规划设计的多源空间数据互操作技术

针对不同软件系统的数据格式以及多种类型及多种来源的城市规划相关数据造成的城市规划空间信息的异构性与多源性，探讨在网络环境下如何实现分布式的多源异构空间数据的集成，并实现规划空间数据的互操作，面向当

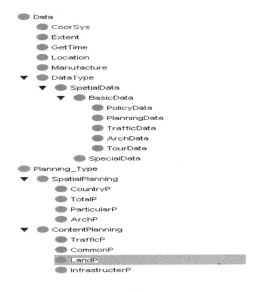

图7-1　数字城市规划本体类

前以及未来城市规划数字化发展的需要，探讨空间数据交换与互操作技术涉及的中间件技术与地理标记语言（Geography Markup Language，简称 GML）技术及其在多层次多类型规划数据交换与互操作中的应用。

互操作的关键就是解决空间数据异构问题，而数据具有语法和语义，可以分层次讨论数据异构问题（骆成凤，2001；易善祯，2000），因此在互联网环境中应当考虑如下问题：

（1）语法差异，这种差异的主要来源是不同空间数据采用不同的存储格式，而同一类存储格式也可能有不同的版本。

（2）语义差异，有的空间数据资源在概念模型的组织上就存在不同，不同的概念体系中的概念显然无法比较。

（3）融合差异，能否通过一定的技术手段使不同语义及语法的空间数据在一定的架构上互相翻译、互相理解。

因此，数据互操作要通过两个层次来实现——语法互操作和语义互操作。

（1）多源空间数据的语法互操作技术

多源空间数据语法互操作的主要目标是为了实现透明地交换城乡规划 GIS 空间数据，使得用户不需要知道城乡规划 GIS 空间数据的结构和定义，就能够方便地进行数据转换和处理。根据现有技术进展，提出以下几种城乡规划多源数据语法层次上的互操作实现方法。

①使用数据转换器或中介格式进行转换

空间数据转换目前主要通过外部数据交换文件进行。这种转换方法非常繁琐。首先，数据的统一违背了数据分布和独立性的规律，如果数据来源是多个代理或企业单位，这种方法需要所有权的转让等问题；其次，这种数据转换标准还不能完全概括空间对象的不同描述方

法，并且还不能为各个层次及不同应用领域的空间数据转换提供统一的标准；再次，没有提供转换过程，没有为数据的集中和分布式处理提供解决方案，所有的数据仍需要经过格式转换复制到系统中，不能自动同步更新，有可能使他们从同一数据得到不同信息；最后，数据与数据之间需要设计转换器，转换后不能完全准确地表达多源数据的信息，造成了信息损失（温瑞智，2002；何孝莹，2004）。目前，空间数据转换标准有美国国家空间数据协会（NS-DI）制定的统一的空间数据格式规范 SDTS（Spatial Data Transformation Standard）和"中华人民共和国国家标准地球空间数据交换格式"（CN S2DTF）等，其中包括几何坐标、投影、拓扑关系、属性数据、数据字典、栅格格式、矢量格式等不同的空间数据格式转换标准（李德仁，1999；常远，2005）。

②直接数据访问模式

直接数据访问是指在一个 GIS 软件中实现对其他软件数据格式的直接访问，用户可以使用单个 GIS 软件存取多种数据格式（王鹏，2001）。直接数据访问不仅避免了繁琐的数据转换，而且在一个 GIS 软件中访问某种软件的数据格式不再要求用户拥有该数据格式的宿主软件（龚健雅，2003）。直接数据访问提供了一种更为经济实用的多源数据共享模式，但同样要建立在对被访问的数据格式有充分了解的基础上。如果被访问的数据格式不公开，就要保证破译正确，才能与该格式的宿主软件实现数据共享。如果数据格式发生变化，各数据集成软件不得不重新研究该宿主软件的数据格式，提供升级版本，导致数据集成软件对于不同格式的空间数据处理必定存在滞后性（龚健雅，2003）。对空间数据库进行互操作就需要为开发读写不同空间数据库的 API，这一工作量是很大的。如果能够得到读写其他空间数据库的 API 函数，则可以直接用来读取空间数据，减少开发工作量。

目前，以直接数据访问模式实现多源数据集成的商业软件主要有 Intergragh 推出的 Geo-Media 系列软件。GeoMedia 实现了对大多数 GIS/CAD 软件数据格式的直接访问，包括：MGE、Arc Info、Frame、OracleSpatial、SQL Server、Access MDB 等数据格式。开源的 GRASS、QGIS 等软件也有较好的实现。

③公共接口访问模式

通过国际标准化组织（如 ISO/TC211）或技术联盟（如 OGC）制定空间数据互操作的接口规范，GIS 软件商开发遵循这一接口规范的空间数据的读写函数，就可以实现异构空间数据库的互操作（龚健雅，2003）。对于分布式环境下异构空间数据库的互操作而言，空间数据互操作规范可以分为两个层次，如图7-2所示。

第一个层次是基于 COM 或 CORBA 的 API 函数或 SQL 的接口规范。通过制定统一的接口函数形式及参数，不同的 GIS 软件之间可以直接读取对方的数据。基于 API 的接口是二进制的接口，效率高但安全性差，并且实现困难（骆成凤，2001；黄裕霞，1999；刘爱琴，2004），所以较少被采用。

如果采用 CORBA 或 JavaBean 的中间件技术，基于公共 API 函数可以在互联网上实现互操作，而且容易实现三层体系结构或多层体系结构（陈小琉，2006）。

第二个层次是基于 XML 的空间数据互操作实现规范。它是关于数据流的规范，与函数接

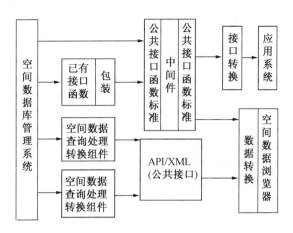

图7-2 公共接口访问模式实现方法

口的形式和软件的组件接口无关。它遵循空间数据共享模型和空间对象的定义规范，即可用 XML语言描述空间对象的定义及具体表达形式，不同系统进行数据共享与操作时，将系统内部的空间数据转换为公共接口描述规范的数据流，另一系统读取这一数据流进入主系统并进行显示。

以上两种空间数据共享模式，基于API函数的互操作效率较高，但基于XML的互操作适应性最广。针对各自的优缺点，基于API的共享往往用于局域网中，基于XML的共享一般用于跨部门、跨行业、跨地区的互联网中。

由于系统都采用一个空间数据库管理系统和C/S体系结构，所有的空间数据及各个应用软件模块都共享一个数据服务平台。该模式基于这样一个事实：尽管各个数据库存储数据的数据格式不同，但几乎每个数据库系统都支持开放式数据库互接（ODBC），都按照ODBC的要求提供接口一致的驱动程序（宋国民，2005；宋关福，2000）。这种结构的优点是：所有应用程序所作的数据更新都及时地反映在数据库中，避免了数据的不一致性问题（宋关福，2000）。这是一种非常好的空间数据共享方式，但是目前市场上现有的GIS软件都不愿意丢掉自己的底层去采用一个公共的平台，因此实现起来比较困难（Dueker，2000）。

④WebGIS数据共享模式

WebGIS与桌面GIS的不同处在于其利用了Web浏览器或移动终端作为客户端，利用了网络作为数据流动的介质，实现了数据的分布式处理（Pullar，2000）。尽管现有系统在某些方面比较成熟，但它们无一例外都是封闭的分布式系统，难以与其他分布式系统共享与协作，只能通过转换数据格式或调用组件外部接口来实现。出于商业考虑，大部分供应商并不公开数据格式，而公开的数据格式或编码也难以处理，所以数据格式的转换也较难实施。尤其对普通用户而言，用不同技术构建的组件之间是很难互相调用的（郭腾云，2004；钱贞国，2005）。因此，这种紧密耦合的方式很难实现真正意义上的空间数据共享。

⑤Open GIS Web Service数据共享

Web Service的出现，使得互联网不仅是传输数据的平台，同时也是传递服务的平台，面向服务的空间数据共享自然成为了空间数据共享领域的研究热点。ISO 和 OGC 都致力于制定空间信息服务的标准和规范。ISO TC211 制定了空间信息服务的抽象标准 ISO19119 标准，定义了空间信息服务的概念和体系结构；OGC 采用了 ISO19119 标准作为其信息服务模型实现规范的基础。XML 和 Web Service 技术为解决地理信息互操作提供了技术基础。在 Google Earth 和 Google Maps 的开放式应用推动下，空间信息服务开始得到较快的发展。

⑥基于 Open GIS Web Service 的空间数据共享模式

如图 7-3 所示，基于 Open GIS Web Service 技术的面向服务的空间数据共享模式主要由表示层、业务逻辑层、服务层和数据层外加注册中心组成。

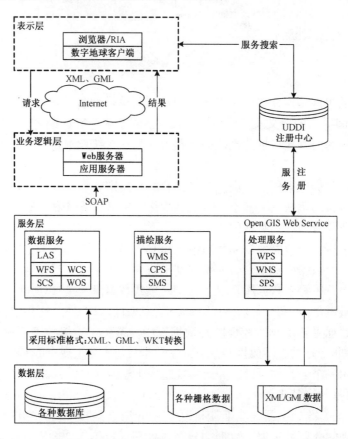

图 7-3　基于 Open GIS Web Service 的城乡规划空间数据共享模式

表示层，即客户端，是唯一与最终用户的交互点，可以是浏览器或应用程序。它使用轻量级的超文本传输协议（HTTP），将服务请求及相关参数提交给服务器，以便与业务逻辑层进行交互，并把响应结果呈现给用户，同时完成基本的操作。

业务逻辑层，是基于 Web Service 的面向服务的空间数据共享模式的核心。在业务逻辑层通过集成和使用颁布在不同服务器上的 Web Service，实现分布式的逻辑。业务逻辑层的 Web 服务器是客户端进入中间层的入口点。当客户端向服务器提交 Http 请求时，Web 服务器接收请求并负责与应用服务器（如动态服务器 JSP 等）进行连接。应用服务器解析请求并执行应用逻辑，加载和调用相应的本地组件和远程 Web Service 协作进行业务处理，并将处理结果通过 Web 服务器返回给客户端。

服务层，主要是为业务逻辑层提供数据或功能服务，如存储业务逻辑层处理结果、返回业务逻辑层检索的数据结果或功能服务，同时也是为了实现屏蔽数据源的变化，从而实现当数据源发生变化时只需修改、连接数据源的语句即可，达到异构空间数据共享的要求。

数据层，主要为服务层提供数据源，数据层主要由各种栅格数据和矢量数据组成，在有些应用中还包括元数据及专题数据。在为服务层提供数据时，数据层通过 XML、GML、WKT 等服务层能识别的数据形式与服务层进行交互。

（2）多源空间数据的语义互操作技术

在语法层次上的研究已经取得了很大的进展，而在语义层次上，GIS 互操作还没有很好的解决方法。互操作意为一个服务能够"理解"其他服务的消息，实现互操作的一个主要障碍是地理信息语义的不同以及地理服务功能的不同，实现服务的语义互操作是如今信息共享的重要前提。GIS 的语义互操作是面向应用的，在地理信息共享过程中，用户不仅要能够获得地理信息及其服务，还要能够理解信息和服务的含义。由于地理信息语义比较复杂，使得语义互操作成为 GIS 互操作中的一个难题。

在城乡规划多源空间数据互操作中，最为值得借鉴的是兼顾语义互操作的 3D 城市模型 City GML。City GML 由 SIG3D 小组创建于 2002 年，并已经成为 OGC 的标准。它是一种用来表现城市三维对象的通用信息模型。City GML 实现了基于 XML 格式的用于存储及交换虚拟 3D 城市模型的开放数据模型，它是在 Geography Markup Language 3（GML3）的基础上实现的，并通过 3D WFS 来实现对不同模型的互操作访问，因此它可以实现 3D 城市模型和 SDI 的集成。City GML 不仅能够表现城市模型的图形外观，而且能处理城市中地理对象之间的语义关系（图 7-4）。它定义了基本实体、属性及其之间的关系，它是一个能够在不同应用之间共享的通用模型。它定义了城市中的大部分地理对象的分类及其之间的关系。

（3）城市规划多源空间数据共享的技术途径

目前限制城乡规划多源空间数据共享的最大瓶颈是共享机制的缺乏。空间数据内容体系不够全面、数据更新滞缓，是造成城乡规划空间信息共享障碍的首要因素。要实现城乡规划多源空间数据的共享，不仅仅需要按照统一设定的标准生产和加工各种不同尺度、不同内容体系的基础数据，同时还必须建立以空间数据为基础的共享机制与应用，为城乡规划多源空间数据的共享提供切实可行的良性发展模式，推动城市其他空间数据的共享。

①数据标准与规范的统一问题

由于城乡规划多源空间数据的获取和应用涉及众多部门和社会各界,各部门职责不同,所开发、维护和管理的信息资源种类也不相同,因此,应根据各部门工作职责,合理确定不同部门开发、维护、管理的地理信息资源种类。这样将有利于各部门明确职责,避免重复建设。目前,城市空间数据一般由城市的各职能部门自己生产和管理,由于历史和管理体制的原因,各个部门基于各自的部门利益,不愿意对外共享数据。从技术角度来说,由于各个部门建立时可能采

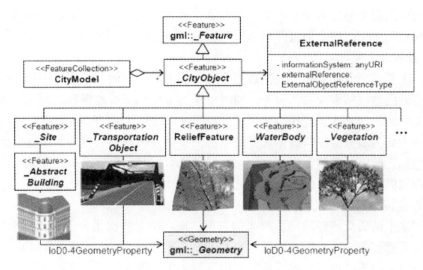

图 7-4　语义互操作 City GML 模型

用了不同的系统平台和相互间不兼容的数据格式,也阻碍了信息的流通与共享。

因此,所有部门的空间数据系统建设都严格按照制定的标准和规范进行数据库和系统的建设与实施,所有的数据都严格按照规范来进行采集、输入、编辑、处理和贮存,在数据的分类编码、数据格式、数据接口、管理系统等方面严格执行管理制度和系统操作制度。

②数据共享框架的建立问题

将城市规划各应用系统都需要使用的信息要素按照制定的标准提取到数据共享框架中,使其成为城市规划各个应用系统能够使用的公用信息,同时保证不同的行业、部门之间的数据具有空间逻辑关系,进而成为空间定位参考基准,避免在具体应用时各个系统自成数据体系,造成框架数据的混乱和投入的浪费。

数据共享框架应采用如下技术:全面支持 WMS、WFS 等 OGC Web 服务;数据存储与服务层以及应用服务集成层通过 SOAP 协议进行通信,应用服务集成层与应用层通过 HTTP 协议进行通信;使用分布式体系构架,松散耦合方式;数据传输采用 XML 格式,其中空间信息传输采用 GML 格式（罗英伟,2003）。

7.1.3　面向城市规划设计的海量空间数据仓库构建技术

（1）数据仓库的技术特点及其研究进展

传统的数据库是一个仅仅存储数据的简单信息库,而数据仓库的设计目的与之截然不同。传统数据库的目的是快速、准确、安全、可靠地将数据存入数据库系统,而数据仓库的目的是准确、可靠地从数据库中取出数据,经过加工转换成有规律的信息之后,再供管理人员进行分析使用。

20 世纪 80 年代中期,"数据仓库"这个名词首次出现在被誉为"数据仓库之父"William H. Inmon 的《建立数据仓库》一书中:"A data warehouse is a subject oriented, integrated,

time variant, non volatile collection of data in support of management's decision making process"［数据仓库是一个面向主题的（subject oriented）、集成的（integrated）、反映历史变化的（time variant）、相对稳定的（non volatile）的数据集合，可用于支持企业或组织的决策分析处理］（William，2001）。通常意义下将其界定为系统体系结构，而非软件产品或应用程序。作为体系结构，数据仓库包含了许多产品。每一种产品都有除数据仓库操作以外的功能（安淑芝，2005）。构建数据仓库来解决多源异构数据集成问题和支持数据挖掘，是近年来兴起的一个研究热点区域，各主流数据库开发厂商以及一些热点研究领域都开发了以数据仓库为名的相关产品，但城市规划领域所开展的相关研究还不太多。

现在规划部门使用的数字城市规划系统多以数据管理和规划项目的立项及审批为主，以数据仓库和数据挖掘为代表的决策支持新技术的出现，将为决策管理人员从数据中获取决策信息和知识提供新的思路和方法，拓宽管理决策人员更深层次的信息分析途径。清华大学建筑学院人居环境信息研究中心对数据仓库在城乡规划中的应用进行了一系列的研究，针对大北京区域规划过程中的规划信息，构建大北京区域数据仓库的实例，将来自不同专业领域的相关数据整合在一起，利用联机分析处理对数据仓库中存储数据作多维分析操作，然后借助特定的专业模型通过数据挖掘技术从数据中发现知识，辅助支持大北京区域规划的决策。

（2）城市规划空间数据仓库构建技术

城乡规划是一个复杂的学科，包含多种学科、多种专业背景知识，致使其数据源异常复杂，所以数字城市规划中关于信息处理问题面临一系列的困难，现在已经开展的研究分别从三个方面，数据集成、空间信息技术集成以及平台集成的思路及方法，进行了一定的研究探讨。本书的研究采用数据仓库作为平台集成数字城市规划领域的多源异构信息。其中采用面向服务的体系结构（Service-Oriented Architecture，简称SOA）作为集成的体系架构。

①数字城市规划空间信息分类

数字城市规划的信息按空间信息科学的角度分为两类：一是城乡规划基础信息，比如水文、地质、大气、生态、用地、城市总体规划以及城市控制性详细规划包含的信息等；二是规划法规信息，比如《城乡规划法》和各地方政府出台的相关法规、图则等。

简逢敏（2000）把数字城市规划的空间数据层次划分为三层：基本层、实体层、结构层，这种划分比较贴近于城市规划的应用现状。在对数字城市规划空间事物的划分上，他依据地理信息学的理论将所有事物划分为点、线、面三种实体，极大地抽象和简化了空间事物操作。

使用点、线、面状数据表达城市、湖泊、行政地区、农田等。通过点集理论可对这类数据进行描述。点集理论把空间基本假设为是由无限个点组成的。空间内包括一组空间对象，每一个空间对象被看做由此对象所占据的点的集合，解析几何通过数字表现点、线、面及相互之间的关系，可通过并、交、差等操作重建新的物体，并通过数学计算推导出拓扑关系。如现有空间对象 x 和 y，分别表示为 points（x）和 points（y），则空间实体相等，x = y 可以表示为 points（x）=points（y）（图7-5）（简逢敏，2000）。

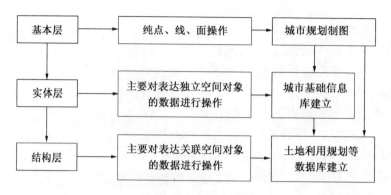

图 7-5 数字城市规划空间数据层次分析（简逢敏，2000）

②面向数字城市规划的数据仓库的主题信息组织

数字城市规划中所涉及的各种空间信息，也可以被归并到这两种数据类型中。首先，城市中基本的房屋、道路、植被、花坛等地物、地形、地貌是城市规划制作的重要基础信息，可以通过点、线、面来表示，点、线、面彼此相互独立，公共边信息在此没有实际意义，它符合独立空间对象的数据特征；其次，土地利用规划、城市总体规划、控制性详细规划中的用地规划都是针对整个城市空间的，是对整个城市空间的分割，还有某些用地评价是基于某种空间特征或者等级标准得出的对整个城市空间的分区。在这些空间数据中，各个面或线彼此具有一定联系，其公共边和公共点信息是其相关空间操作的重要基础，具有关联空间对象数据的特征（简逢敏，2000）。由于城市规划活动的信息都有一定的空间地理位置分布，如城市空间形态的布局、土地利用、人口及产业的分布状况、道路交通设施的布局都存在于现实的空间地理环境中。

通过在实际城乡规划应用的研究项目表明，单纯地将空间事物划分为点、线、面三种实体是远远不够的，至少还需要加入时间维的因子。数字城市规划的数据应该从 3D 层次上升到 4D 层次（也就是需要加入时间维）才能确实反映城市规划领域的实际需要。

在本研究中采用数据仓库的理念体系来构建数字城市规划的复杂巨系统，一个主题可以是某一时间点的城市空间形态分布，也可以是某一时期的土地利用现状信息等，都需要有点、线、面等空间信息要素，特别是需要加入时间维因子才能正确表述数字城市规划的主题信息。

③面向数字城市规划的数据仓库体系架构

整个数据仓库信息集成平台采用 SOA 思想，由五个层构成：数据层、业务层、交换层、集成层和发布层（图 7-6）。系统的各个部分通过基于 Web 服务的消息总线进行通信，很好地解决了各部分之间的松散耦合关系，充分实现了基于 SOA 的平台集成的思想。

发布层：该层面向城乡规划部门终端用户的信息发布。采用 XML 和 Web Service 作为数据仓库信息集成平台构建的关键技术，使该平台能够快速响应平台控制消息，并在继承原有接口的情况下同其他部分无缝继承，具有良好的兼容性和可扩展性。

集成层：该层是平台系统的核心，完成平台系统内部的各个不同的应用系统之间以及系

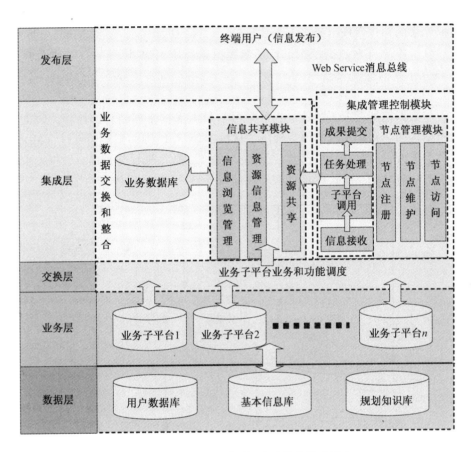

图 7-6 基于 SOA 的数据仓库信息集成平台

统上下级之间的业务数据交换和整合。接收从各个分散的网络节点上的规划部门传递过来的信息，并把信息按一定的规则存入数据库。同时，还根据各应用子系统的需要从数据库中调用各级业务所需的信息，以便组成进行规划操作处理的专项主题。

交换层：该层根据城乡规划工作的需要调用不同的子应用平台中的功能来满足相应的需要。

业务层：该层表征城乡规划具体业务部门的功能及申请，使得交换层可以根据业务层的需要对具体的城乡规划任务进行分配。

数据层：存储分布于各网络节点上的城乡规划各业务部门的基本数据，包括用户数据、城乡规划的基本信息库、城乡规划的相关知识库等。

7.1.4 面向城市规划设计的数据挖掘与知识发现技术

随着计算机硬件和软件的飞速发展，尤其是数据库技术与应用的日益普及，人们面临着快速扩张的数据海洋，形成一种"丰富的数据，贫乏的知识"的现象。为有效解决这一问题，自 20 世纪 80 年代开始，数据挖掘技术逐步发展起来。数据挖掘最初是在 1989 年 IJCAI

会议——数据库中的知识发现（Knowledge Discovery and Database，简称 KDD）讨论专题中首次提出的；1991～1994 年对数据挖掘进行了专题讨论；从 1995 年开始，KDD 发展为国际年会，1997 年创立了数据挖掘杂志——Journal of Data Mining and Knowledge Discovery（郭理等，2008）。

　　知识发现与数据挖掘是人工智能、机器学习与数据库技术相结合的产物，数据挖掘与知识发现是紧密相连的。知识发现的研究经历了从机器学习（ML）到机器发现（MD）到 KDD 三个阶段。整个 KDD 过程一般可分为数据清洗与集成、数据选择与转换、数据挖掘、模式评估与知识表示等阶段（图 7-7）。

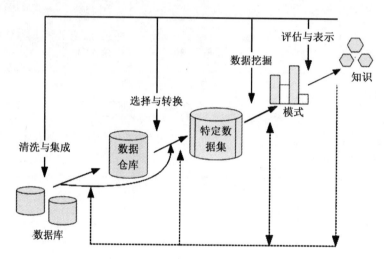

图 7-7　信息挖掘与知识发现步骤示意图（朱明，2002）

　　数据挖掘（Data Mining）又译作数据采集，就是从大型数据库的数据中提取人们感兴趣的知识，这些知识是隐含的、事先未知的、潜在有用的信息，提取的知识可表示为概念（Concepts）、规则（Rules）、规律（Regularities）、模式（Patterns）等形式（W. J. Frawley，et al.，1992）。总体来说，数据挖掘就是从各种各样的数据中提取出有用的信息的一门技术。

　　空间数据挖掘比较认可的定义是在空间数据库或空间数据仓库的基础上，综合利用多门学科的理论技术，从海量空间数据中挖掘事先未知、潜在有用、最终可理解的可信新知识，揭示蕴涵在空间数据中的客观世界的本质规律、内在联系和发展趋势，实现知识的自动获取，提供技术决策与经营决策的依据（Lu，Han 和 Ooi，1993）。

　　空间数据挖掘指的是从空间数据库中抽取隐含的知识、空间关系或非显式地存储在空间数据库中的其他模式（蒋良孝等，2003）。

　　城市规划空间数据挖掘与知识发现的技术方法很多，按照技术可以分为以下五类：①基于机器学习的方法：决策树法、空间关联规则法、归纳学习法、图像分析与模式识别法；②基于集合论的方法：粗集法、模糊集理论法、云理论；③基于仿生物学的方法：神经网络法、遗传算法、蚁群算法；④基于统计和概率论的方法：统计分析法、聚类分析法、支持向量机法、基于案例法、探测性的数据分析（EDA）；⑤其他数据挖掘技术：可视化技术法、空间分析法（李敬社、张小木、黄泽贵，2004；孙超利，2003；文小燕、杜海若，2007；徐胜华、刘纪平、胡明远，2008；雷亮，2005）。

（1）基于机器学习的方法

①决策树法

决策树就是一个类似流程图的树形结构，树的每个内部结点代表对一个属性的测试，其分支就代表测试的每个结果。树的最高层结点就是根结点，树的每个叶结点就代表一个类别。它是从实例集中构造决策树，是一种有指导的学习方法。在空间数据挖掘中，决策树首先利用训练空间实体集生成测试函数，其次根据不同取值建立树的分支，在每个分支子集中重复建立下层结点和分支，形成决策树，然后对决策树进行剪枝处理，把决策树转化为据以对新实体进行分类的规则。典型的决策树算法有 ID3 法、IBLE 法、C4.5 算法和 CS5.0 算法（王树良，2009；朱明，2002；李晓东，2007；钟鸣、刘晓霞，1993；孙超利，2003）。

②空间关联规则法

关联规则就是从大量数据的项集之间发现有趣的、频繁出现的模式、关联和相关性。空间关联规则即是指空间邻接图中对象之间的关联，是对传统数据挖掘中的关联规则的扩展。空间关联规则挖掘基本的挖掘步骤如下：a. 了解挖掘领域的背景和专业知识，对挖掘目标和预期结果有初步的了解。b. 根据挖掘的目标明确所涉及的数据，进行数据试验，从各种数据源抽取挖掘所需数据。c. 提取空间、属性数据和其他数据，并对数据进行整理、概化、泛化，对缺失数据的插值等必要的预处理。d. 根据领域专家或相应的算法生成空间和属性层次概念树，进行空间谓词计算和属性计算，生成不同层次的空间事务集。e. 结合概念树和相应的最小支持度生成各层次上的频繁项集。f. 利用关联规则生成算法，在频繁集上获取关联规则。g. 通过邻域专家和先验知识库，对发现的空间关联规则进行解释和评价。h. 应用发现的关联规则知识。空间关联规则挖掘所涉及的数据比较复杂，不同应用领域间也存在较大差异，因此在不同应用领域进行关联规则挖掘时，要根据具体的情况来选择不同的挖掘方法，制定相应的挖掘流程（张彦丽，2009；邹力、王丽珍、何婧，2003；张雪伍等，2007）。

③归纳学习法

归纳学习法是对数据进行概括和综合归纳抽取出高层次的模式或特征，一般需要背景知识，常以概念树的形式给出。归纳学习的算法有很多，比较典型的算法有 Michaski 的 AQ11 法、洪家荣改进的 AQ15 法以及他的 AE5 法，其中最著名的是 Quinlan 提出的 C5.0（张楠等，2007；周海燕、王家耀、吴升，2002）。

④图像分析与模式识别法

空间数据挖掘中包含大量的图形、图像数据，一些有效的图像分析和模式识别方法可以直接用于知识发现，或者作为其他知识发现方法的预处理手段（蒋良孝、蔡之华，2003）。

（2）基于集合论的方法

①粗集法（Rough Set Method）

在数据库中，将行元素看成对象，列元素看成属性（分为条件属性和决策属性）。等价关系 R 定义为不同对象在某个（或几个）属性上取值相同，这些满足等价关系的对象组成的集合称为该等价关系 R 的等价类。条件属性上的等价类 E 与决策属性上的等价类 Y 之间有三种情况：下近似：Y 包含 E；上近似：Y 和 E 的交非空；无关：Y 和 E 的交为空。对下近似建立确定性规则，对上近似建立不确定性规则（含可信度），对无关情况不存在规则。粗糙集理论可以用于分类问题以帮助发现不准确或噪声数据中所存在的结构关系（杨会志，2000；朱明，2002）。

②模糊集理论法（Fuzzy Set Method）

是用隶属函数确定的隶属度描述不精确的属性数据，重在处理空间数据挖掘中不精确的概率的一种方法。在空间数据挖掘中，模糊集可用来模糊评判、模糊决策、模糊模式识别、模糊聚类分析合成证据和计算置信度等（卢启程、邹平，2002）。

③云理论（Cloud Theory）

云是用语言值表示的某个定性概念与其定量表示之间的不确定性转换模型。它主要反映客观世界中事物或人类知识中概念的两种不确定性：模糊性（边界的亦此亦彼性）和随机性（发生的概率），并把二者完全集成在一起，构成定性和定量相互间的映射（林丽清，2007）。

目前，云模型已被用于挖掘空间广义知识和关联规则、表达发现的知识、连续数据离散化、空间数据库的不确定性查询和不确定性推理、遥感影像的解译和识别、天气分类、土地定级估价等（邸凯昌，2001；王树良，2002；李德毅、杜鹢，2005）。

（3）基于仿生物学的方法

①神经网络法（Neural Network Method）

模拟人脑神经元结构以 MP 模型和 Hebb 学习规则为基础，用神经网络连接的权值表示知识，其学习体现在神经网络权值的逐步计算上。目前主要有三大类多种神经网络模型：①前馈式网络，它以感知机、反向传播模型、函数型网络为代表，可用于预测、模式识别等方面；②反馈式网络，它以 Hopfield 的离散模型和连续模型为代表，分别用于联想记忆和优化计算；③自组织网络，它以 ART 模型、Koholon 模型为代表，用于聚类（杨会志，2000）。

②遗传算法（Genetic Algorithm）

遗传算法是模拟生物进化的自然选择和遗传机制的一种搜索优化算法。它模拟了生物的繁殖、交配和变异现象，从任意一初始种群出发，产生一群新的更适应环境的后代。这样一代一代不断繁殖、进化，最后收敛到一个最适应环境的个体上。遗传算法对于复杂的优化问题无须建模和进行复杂运算，只需要利用遗传算法的算子就能寻找到问题的最优解或满意解（贺琦，2005）。遗传算法在思路上突破了以往最优化方法的框架，以其极强的解决问题的能力得到了广泛的应用，在城市研究和城市规划中主要体现在交通规划、土地规划、能源规划、遥感数据处理、管网优化等多方面。

③蚁群算法（Ant Colony Algorithm）

蚁群算法是受自然界中真实蚁群的集体行为的启发而提出的一种模拟群体智能的算法，属于随机搜索算法。它通过模拟蚂蚁搜索从巢穴至食物最短路径的行为来求解问题（谭华琴，2006；唐艺军，2007）。

（4）基于统计和概率论的方法

①统计分析法（Statistical Analysis Method）

是根据现有大量数据应用统计分析的方法进行归纳、解析，从而找出某类数据的分布规律的一种方法。主要包括：主成分分析、线性分析和非线性分析、回归分析、逻辑回归分析、单变量分析、多变量分析、时间序列分析、最近序列分析、最近邻算法、聚类分析、相关分析等方法（杨会志，2000；郭理、秦怀斌、戴建国，2008）。

②聚类分析法（Cluster Analysis Method）

聚类分析是研究多要素事物分类问题的一种方法。其基本原理是根据样本自身的属性，用数学方法，按照某种相似性或差异性指标，定量地确定样本之间的亲疏关系，并按照这种亲疏关系程度对样本进行聚类（徐建华，2002）。主要包括以下四种方法：a. 基于分割的方法包括K—平均法、K—中心点法和EM聚类法，采用一种迭代的重定位技术，尝试通过对象在划分区间移动来改进聚类效果。b. 基于层次的方法，固定数据对象的关系，只是对对象集合进行分解。根据层次的分解方式，这类方法可分为凝聚和分裂两种。c. 基于密度的方法，主要思想是对给定类中的每个数据点，在一个给定范围的区域中必须包含超过某个阈值的数据点，才能够继续聚类。它可以用来发现任意形状的簇，过滤噪声。代表性的方法有DBscan、Optics和Denclue。d. 基于栅格的方法把对象空间划分为有限数据的单元，形成一个网格结构。其特点是处理速度快，处理时间独立于数据对象的数目。该类方法包括Sting、Sting＋、Wave Cluster和Clique（王海起、王劲峰，2005）。

聚类分析法是定量地研究地理事物分类问题和地理分区问题的重要方法，在城市规划中，它主要应用在环境质量评价、人口结构分析、土地利用潜力研究、经济水平分析、城市实力比较、交通状况分析等方面。

③支持向量机法（Support Vector Machine Method）

基本思想是通过用内积函数定义的非线性变换将输入空间变换到一个高维空间，在这个高维空间中寻找输入变量和输出变量的非线性关系，支持向量机法有两层结构：第一层用于选择核函数确定支持向量个数，第二层在相应的特征空间构建最优超平面（李湘梅、周敬宣、罗璐琴等，2007）。

④基于案例推理法（Case-Based Reasoning Method）

是利用以往的经验和知识发现来解决当前问题的一种方法，是对人类认知过程思维的一种模仿。在基于案例推理的问题解决方法中，把过去处理过的问题描述成由问题特征集和解决方案组成案例存储在系统的案例库中称为源案例；把当前所面临的问题或情况称为目标案例。当新的问题需要解决时，系统根据主要特征在案例库中进行检索，找出一个或一组与待解决问题最相近的候选案例。如果候选案例与待解决问题完全一致，则自然可以把候选案例的解决方案作为待解决问题的解决方案；如果对此候选案例的解决方案不满意，可以对此案例进行修改以适应待解决问题，最后把修改过的案例作为一个新的案例保存在案例库中，以便下一次遇到类似的问题可以作为参考（曹洁，2007）。

⑤探测性的数据分析（Exploratory Data Analysis）

采用动态统计图形和动态链接技术显示数据及其统计特征，发现数据中非直观的数据特征和异常数据。探测性的数据分析与空间分析相结合构成探测性的空间分析（ESA），探测性的数据分析和探测性的空间分析用于选取感兴趣的数据子集，并可初步发现隐含在数据中的某些特征和规律（王海起、王劲峰，2005）。

（5）其他数据挖掘技术

①可视化技术法（Visualization Technology Method）

可视化技术是利用计算机图形学和图像技术将数据转换成图形或图像在屏幕上显示出来，并进行交互处理的理论、方法和技术。可视化数据挖掘技术将可视化有机地融合到数据挖掘之中，使用户对于数据挖掘有一个更加直接、直观清晰的了解，提供让用户有效、主动参与数据挖掘过程的方法。它包括了数据挖掘过程及结果的可视化（谭华琴，2006）。

李关松（2007）利用粗糙集和神经网络的结合建立空气质量预测模型，GIS 技术实现预报数据的可视化，基于平行坐标的可视化聚类分析技术实现数据挖掘过程的可视化。建立了济南市环境空气质量数据挖掘与可视化原型系统。对济南市空气质量数据进行分析与处理，初步满足济南市环境空气质量分析的要求。

②空间分析法（Spatial Analysis Method）

是利用一定的理论和技术对空间的拓扑结构、叠置、图像、空间缓冲区和距离等进行分析的方法的总称。空间分析功能有：拓扑结构分析、空间缓冲区分析、距离分析、密度分析、叠置分析、地形分析、网络分析、趋势面分析、预测分析等，应用这些方法可以交互式地发现目标在空间上的相连、相邻和共生等关联关系以及目标之间的最短路径、最优路径等辅助决策的知识。空间分析往往是应用领域知识产生新的空间数据，所以常作为预处理和特征提取方法与其他数据发掘方法结合起来从空间数据库发现知识。空间分析方法的主要缺点是假定空间数据之间是互不相关的，而实际上相当多的空间数据是高度相关的，所以在很多时候使用这个方法，效果会很差（周海燕、王家耀、吴升，2002；胡圣武、李鲲鹏，2008；陈中祥、岳超源，2003）。

崔阳、王华（2006）将空间数据挖掘技术运用到地下管网 GIS 系统中，建立了一个实用的城市地下管网 GIS 空间数据挖掘模型。通过对管网的空间数据使用空间数据挖掘模块进行分析，最后把挖掘结果以图形用户界面显示给用户来完成管网分析流程。该模型可以有效地在管网 GIS 中实现挖掘功能。地下管网的连接和拓扑结构比较复杂，需要大量使用 GIS 中的空间分析功能来完成管网的规划和管理。

7.2　基于 3S 与 4D 技术的城市规划设计集成平台框架研究

7.2.1　城市规划技术集成的 SOA 架构研究

面向服务的架构（SOA）被定义为："一种以通用为目的、可扩展、具有联合协作性的架构，所有流程都被定义为服务，服务通过基于类封装的服务接口委托给服务提供者，服务接口根据可扩展标识符、格式和协议单独描述。（META）"该定义的最后部分表明了服务接口和服务实现之间存在明确的分界。

    SOA 是一种架构模型，它可以根据需求通过网络对松散耦合的粗粒度应用组件进行分布式部署、组合和使用。服务层是 SOA 的基础，可以直接被应用调用，从而有效控制系统中与软件代理交互的人为依赖性。SOA 要求开发人员将应用设计为服务的集合，并要求开发人员跳出应用本身进行思考，考虑现有服务的重用，或思索他们的服务如何能够被其他项目重用。通常，实施 SOA 的关键目标是实现企业 IT 资产的最大化重用。

    图 7-8 中实现的空间信息技术集成，不仅可以给规划师提供一个方便的工作环境，还可以给包括社会公众在内的多种用户提供方便的操作接口。图 7-9 表示了数字城市规划中各个不同的用户可以针对自己的需求通过空间信息技术接口向空间信息技术集成平台提交所需的空间信息技术的服务请求，空间信息技术接口根据需求调用相应的空间信息技术给用户进行操作。通过 SOA 的分层结构对空间信息技术进行集成，可以有效地使用各种空间信息技术和解决各个技术的接口问题，并提高数字城市规划的科学性与可操作性。

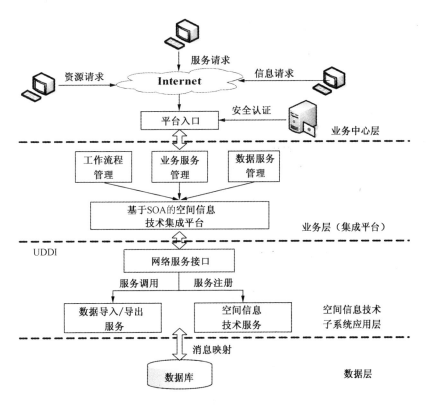

图 7-8　基于 SOA 的城市规划技术集成架构

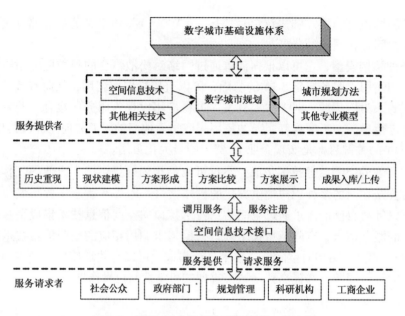

图7-9 基于 SOA 架构的城市规划工作流程

7.2.2 基于 SOA 的城市规划设计集成平台研究

（1）城市规划设计集成平台的关键问题

由于城市规划活动的信息都有一定的空间地理位置分布，如城市空间形态的布局、土地利用、人口及产业的分布状况、道路交通设施的布局等都存在于现实的空间地理环境中（简逢敏，2000）。在这种情况下集成城市规划信息必须在统一的空间坐标体系下进行。数字城市规划是以数字地图为基础，集成经济、社会和人口统计等信息来描述城市空间形态的过去、现在和未来。利用 RS、GPS 和 GIS、海量数据处理技术、三维可视化技术、网络技术及虚拟现实技术等实施基础数据的动态更新和维护。因此，数字城市规划集成平台首先必须为数字城市规划师提供一个集成的规划工作环境，这不仅需要解决各应用平台之间的良好交互性问题，同时必须解决大量的技术难题，包括平台兼容的信息类型、大数据量的组织管理、数据编辑、方案展示/比较，以及与各种信息技术的接口处理问题等。

SOA 的核心就是使得单位应用摆脱具体编程技术的解决方案的约束，轻松应对服务变化、发展的需要（李蕾，2005）。服务的优势在于，它们同业务流程结合在一起，从而更精确地表示业务模型，支持业务。因此，在数字城市规划平台的集成中，把各个功能平台按照一定的业务流程以服务的形式进行划分，可以使系统在具有丰富业务功能的基础上能快速响应业务需求的变化，从而使得集成平台具有较强的重用性和可扩展性。

（2）城市规划设计集成平台需求分析

一般说来，数字城市规划体系包括技术支撑体系、数字规划信息和应用开发系统等方面（王卫国，2006）。基于 SOA 的数字城市规划集成平台是为了在信息技术高度发展的条件下给规划师提供一个集成的规划平台，给规划师提供一个集成的规划工作环境，使得数字城市规划师可以利用该平台完成不同的业务工作。该平台可以帮助数字城市规划师快速建立规划业务流程，快速响应需求变化，并有效地进行规划业务的修改工作，方便实现规划信息的统一与共享。因此，数字城市规划平台集成必须具备以下几个特征：

平台的兼容性：平台必须能够提供对属性信息和空间信息的处理能力。

平台的基本功能：平台除了需要提供当前城市规划中的图形功能外，还能提供数据编辑修改功能、可视化模拟功能、数据管理、信息发布等一系列功能。

平台的技术接口：平台必须为数字城市规划功能的继续完善提供相应的接口。

本地服务是不需要其他结点提供的服务，主要包括浏览类服务，主要是针对图形的放大、缩小、移动等操作，编辑类服务包括几何图形绘制（点、线、多边形等不规则图形），表单制作类服务，记录输入类服务，数据建模类服务。

协同服务是多个结点共同协作完成一个服务请求，主要包括查询类服务、数据统计服务、空间分析类服务、信息发布类服务等。

（3）基于 SOA 的城市规划设计集成平台框架

基于 SOA 的城市规划设计集成平台的总体架构图如图 7-10 所示，整个系统采用 SOA 思想，由数据层、集成层和交换层组成。交换层完成业务功能的分发和转换，是业务开始的前提。集成层包括数据管理、交换管理和维护、任务接收、应用子平台调用、任务处理、成果提交、数据发布等功能，是整个集成系统的核心。系统的各个部分通过基于网络服务的消息总线进行通信，很好地解决了各部分之间的松散耦合关系，充分实现了基于 SOA 的平台集成的思想。

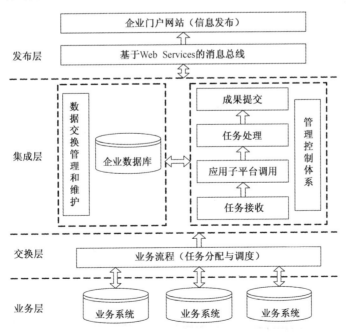

图 7-10 基于 SOA 的城市规划设计集成平台的架构

（4）城市规划设计集成平台功能模块设计

根据对数字城市规划的技术方法体系的深入研究，并结合新的系统体系架构思想，通过对数据库、GIS 技术与传统的城市总体规划、详细规划以及专项规划业务进行整合，提出了集规划编辑、规划分析、规划出图等功能于一体的数字城市规划平台系统的整体设计（图7-11）。该体系架构不仅可以充分发挥各子系统的作用，也可减少各子系统之间的相互依赖性。同时，各用户在该平台的支持下，可以根据需要并行调用各个子功能完成相应工作，因此，可以大大提高系统的工作效率。其主要功能模块如图7-12 所示。

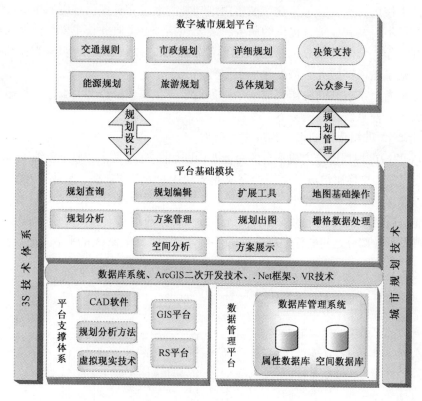

图 7-11 城市规划设计集成平台系统设计

7.2.3 城市规划设计集成平台原型系统研发

根据前面的研究，通过对现有城市规划数据和业务流程的仔细调研和分析，提出了通过将计算机技术、数据库技术、GIS 技术与传统的城市总体规划、详细规划，以及市政规划、交通规划等专项规划业务结合起来，建立具有图形可视化、规划编辑、规划分析、规划出图等功能的城市规划设计集成平台——数字城市规划平台（Digital Plan）的总体构想。如图7-13 所示。

在对现有城市规划方案编制业务进行认真分析的基础上，将 GIS 技术与传统的城市总体

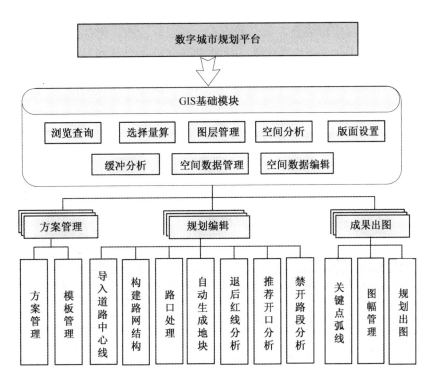

图7-12 城市规划设计集成平台功能模块设计

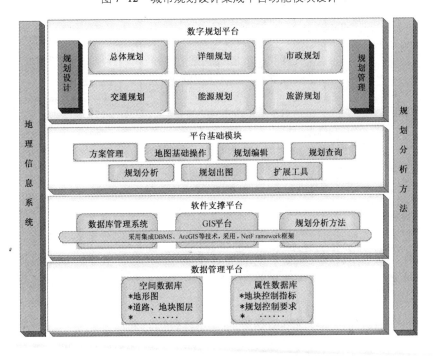

图7-13 数字城市规划平台总体结构设计

规划、详细规划及专项规划相结合，充分利用 GIS 在空间分析、拓扑处理、属性信息管理等方面的优势，设计开发了集规划方案编制、规划方案分析及规划方案出图于一体的数字城市规划平台，系统结构与工作流程如图 7-14 所示，从而简化机械、重复的绘图工作，提高规划方案的科学水平。

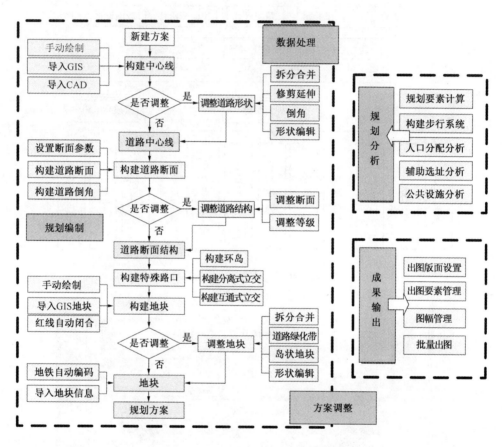

图 7-14　数字城市规划平台整体工作流程

利用数字城市规划平台统一的数据结构体系，建立数字城市规划数据库，实现规划成果从设计阶段到成果应用和管理阶段的直接过渡，而不需再将规划成果数据进行复杂的制图处理和标准化过程，就可以直接应用于后期的规划成果管理工作。其中，规划成果出图作为城市规划的一个重要组成部分，出图效果的优劣和图则管理的水平对整个规划效果起到非常大的作用。为此，我们首先开展了基于 GIS 技术的数字城市规划平台的规划成果出图系统的设计和开发，从而可以实现数字城市规划成果的出图自动化、批量化，大大提高城市规划设计部门的出图效率，规范规划成果资料的有效管理，减少城市规划设计者的重复性工作。下面概要说明本系统的主要功能，如图 7-15 所示。

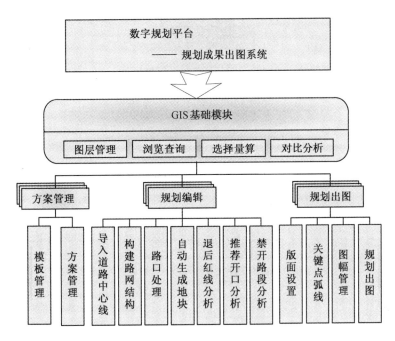

图 7-15 数字城市规划平台功能设计

7.3 城市规划设计集成平台建立

课题在界面集成基础上建立可城市规划设计集成平台，为规划编制人员提供方便调用不同类型城市规划辅助分析软件的平台，并实现了海量空间数据管理与查询功能，且能够实现规划编制过程中的部分公众参与和测评功能。

7.3.1 集成平台

面对规划行业日新月异的发展以及规划业务的多元化需求，基于3S和4D的城市规划设计集成平台以地理信息技术为基础，以数据库技术、数据中心技术、通信技术等技术为依托，以城市基础数据和道路数据为核心，以建设公共服务型城市规划信息系统为目标，实现城市数据空间和属性数据统一管理，为城市的规划、设计、施工、运营、评估提供可靠的依据和支持。

该平台将充分利用现代先进的计算机网络、空间数据库管理、3S集成、共享交换、可视化服务等关键技术进行平台的开发集成，形成一系列科学、可行、有效的技术路线，从技术上保障规划设计人员进行流程式的规划编制工作。本系统的体系结构如图7-16所示。

集成平台主界面如图7-17所示。

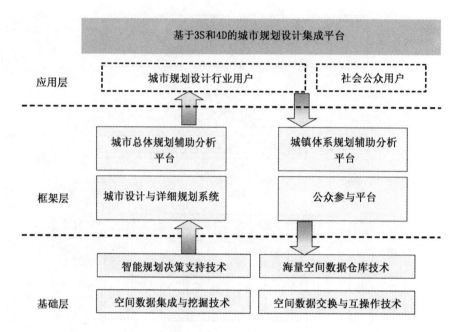

图 7-16　基于 3S 与 4D 技术的城市规划设计集成平台体系结构

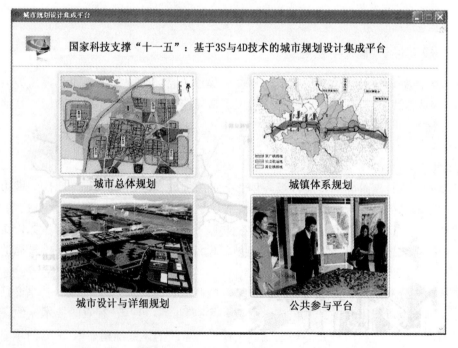

图 7-17　基于 3S 与 4D 技术的城市规划设计集成平台界面

7.3.2　城市规划公众参与

城市规划公众参与平台旨在提供一个专业人士和普通人士均可参与的、对城市规划设计成果进行公示、讨论和投票、对参与结果进行展示的 Internet 平台（图 7-18）。

其业务流程如图 7-19 所示。

（1）规划项目信息发布

• 提供发布规划成果地理数据库服务，包括二维矢量数据和三维瓦片数据；

图 7-18　集成平台公众参与主界面

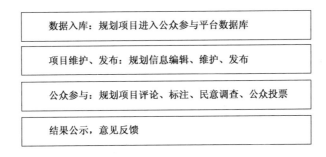

图 7-19　公众参与业务流程图

• 提供专业的数据服务发布工具，以规划项目为单位发布信息；

• 提供项目信息编辑，以及项目前台发布功能（图 7-20）。

（2）公众参与模块

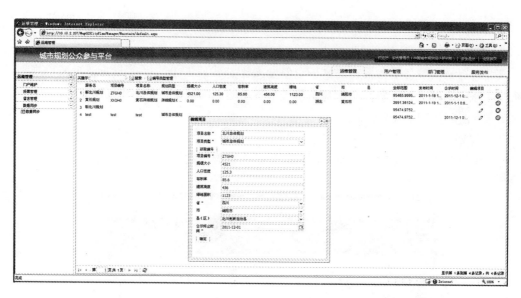

图 7-20 规划项目信息发布界面

提供电子地图基本操作功能，包括放大、缩小、平移、量算、查询统计、二三维集成显示功能；

提供多种公众参与方式：添加评论、添加标注、民意调查、公众投票（图 7-21）。

图 7-21 多种公众参与方式

（3）结果公示
● 提供项目公众投票和民意调查结果统计计算；
● 提供项目公众投票和民意调查参与人数统计图表展示（图 7-22）。

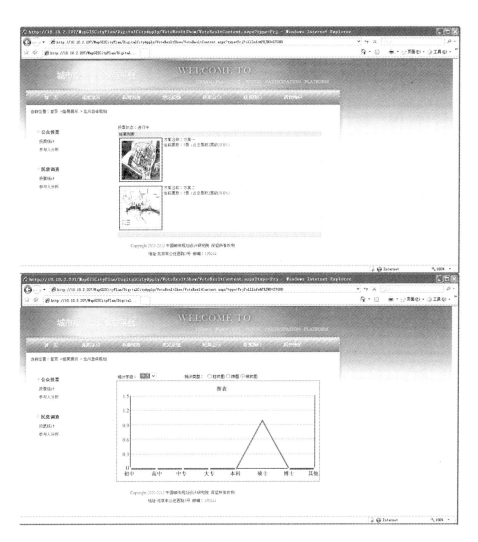

图 7-22 规划项目成果公示

参 考 文 献

[1] Data Quality and Scale in Context of European Spatial Data Harmonization [EB/OL]. http://www.ec-gis.org/Workshops/11ec-gis/papers/3010toth.pdf.

[2] Building a United Nations Spatial Data Infrastructure [EB/OL]. http://www.ungiwg.org/.

[3] Development of National Spatial Data Infrastructure in Indonesia [EB/OL]. http://www.fig.net/pub/athens/papers/ts02/ts02_1_matindas_et_al.pdf.

[4] docs/unsdi/UNSDI%20Draft%20Discussion%20Paper%2025-10-06.pdf.

[5] dspace/bitstream/10204/1780/1/Cooper1_2005.pdf.

[6] FGDC-standards-projects/accuracy/part3/chapter3.

[7] Geospatial Positioning Accuracy Standards Part 3: National Standard for Spatial Data Accuracy (FGDC-STD-007.3-1998) [S].

[8] Geospatial Positioning Accuracy Standards Part 5: Standards for Nautical Charting Hydrographic Surveys (FGDC-STD-007.5-2005) [S].

[9] Content Standard for Remote Sensing Swath Data (FGDC-STD-009-1999) [S].

[10] Information and Documentation - The Dublin Core Metadata Element Set (ISO TC 46/SC 4 N515) [S].

[11] Geographic Information - Terminology (ISO/DIS 19104-2003) [S].

[12] Geographic Information - Profiles (ISO/DIS 19106-2002) [S].

[13] Geographic Information - Spatial Schema (ISO/DIS 19107-2001) [S].

[14] Geographic Information - Rules for Application Schema (ISO/DIS 19109-2002) [S].

[15] Geographic Information - Methodology for Feature Cataloguing (ISO/DIS 19110-2001) [S].

[16] Geographic Information - Spatial Referencing by Coordinates (ISO/DIS 19111-2002) [S].

[17] Geographic Information - Spatial Referencing by Geographic Identifiers (ISO/DIS 1912-2002) [S].

[18] Geographic Information - Quality Principles (ISO/DIS 19113-2001) [S].

[19] Geographic Information - Quality Evaluation Procedures (ISO/DIS 19114-2002) [S].

[20] Text of 19108 Geographic Information - Temporal Schema (ISO/FDIS 19108-2002) [S].

[21] Processes, Data Elements and Documents in Commerce, Industry and Administration (ISO/TC 154) [S].

[22] Geographic Information - Data Product Specification (ISO/TC 211 N 1332-2002) [S].

[23] Geographic Information - Conceptual Schema Language (ISO_ N1082-2001) [S].

[24] Sampling Procedures for Inspection by Attributes - Part 1: Sampling Schemes Indexed by Acceptance Quality Limit (AQL) for Lot-by-Lot Inspection (ISO 2859-1: 1999) [S].

[25] Minnesota Spatial Data Infrastructure [J]. Geodetic Control, 2003 (6).

[26] National Standard for Spatial Data Accuracy [EB/OL]. http://www.fgdc.gov/standards/projects/.

[27] research/research_ white/1998%20Papers/data.html.

[28] Spatial Data Acquisition and Integration [EB/OL]. http://www.ucgis.org/priorities/.

[29] Spatial Data Content Standards for Africa [EB/OL]. http://researchspace.csir.co.za/.

［30］ 国家海洋局．海域使用卫星遥感动态监视监测技术规程（暂行）［S］，2006.

［31］ 国家海洋局 908 专项办公室．海岛海岸带卫星遥感调查技术规程［M］．北京：海洋出版社，2005.

［32］ 国务院第二次全国土地调查领导小组办公室．第二次全国土地调查底图生产技术规定［M］．北京：中国农业出版社，2007.

［33］ 科学数据共享工程技术标准．标准体系及参考模型（征求意见稿）（SDS/T 1001. 1—2004）［S］.

［34］ 科学数据共享工程技术标准．数据分类与编码的基本原则与方法（SDS/T 2121—2004）［S］.

［35］ 科学数据共享工程技术标准．数据交换格式设计规则（送审稿）（SDS/T XXX —2004）［S］.

［36］ 全国地理信息标准化技术委员会，ISO/TC211 国人技术归口管理办公室．地理信息国际标准手册［M］．北京：中国标准出版社，2004.

［37］ 全国地理信息标准化技术委员会．国家地理信息标准体系框架［Z］，2007.

［38］ 中国地质调查局地质调查技术标准．数字地质图空间数据库（DD 2006-06）［S］.

［39］ 中国地质调查局地质技术调查技术标准．地质数据质量检查与评价（DD 2006-07）［S］.

［40］ 中华人民共和国国家标准．计数抽样检验程序 第 1 部分 按接收质量限（AQL）检索的逐批检验计划（GB/T 2828. 1 - 2003）［S］.

［41］ 中华人民共和国国家标准．数字测绘产品检查验收规定和质量评定（GB/T 18316）［S］.

［42］ 中华人民共和国国家标准．遥感影像平面图制作规范（GB 15968—1995）［S］.

［43］ 中华人民共和国行业标准．公路工程地质遥感勘察规范（JTG/TC 21-01-2005）［S］.

［44］ 中华人民共和国行业标准．供水水文地质勘察遥感技术规程（CECS 34—1991）［S］.

［45］ 中华人民共和国行业标准．区域地质调查中遥感技术规定（1∶50000）（DZ/T 0151—1995）［S］.

［46］ 中华人民共和国行业标准．区域环境地质勘查遥感技术规定（1∶50000）（DZ/T 0190—1997）［S］.

［47］ 中华人民共和国行业标准．铁路工程地质遥感技术规程（TB 10041—2003/J 262—2003）［S］.

［48］ 中华人民共和国行业标准．土地利用动态遥感监测规程（TD/T 1010—1999）［S］.

［49］ 中华人民共和国行业标准．卫星遥感图像产品质量控制规范（DZ/T 0143—1994）［S］.

［50］ 中华人民共和国行业标准．物探化探遥感勘查技术规程规范编写规定（DZ/T 0195—1997）［S］.

［51］ 中华人民共和国建设部．城市规划编制办法［S］，2006.

［52］ 中华人民共和国住房和城乡建设部．城市、镇控制性详细规划编制审批办法［S］，2010.

［53］ 中华人民共和国住房和城乡建设部．省域城镇体系规划编制审批办法［S］，2010.

［54］ 中华人民共和国住房和城乡建设部．中华人民共和国城乡规划法［S］，2007.

［55］ 城市规划制图标准（CJJ/T 97—2003）［S］.

［56］ 城市用地分类与规划建设用地标准（GB 50137—2011）［S］.

［57］ 工程技术标准体系 城乡规划 城镇建设 房屋建筑部分［M］．北京：中国建筑工业出版社，2003.

［58］ 关于印发测绘标准体系框架的通知．（国家测绘局 2008 年 5 月 5 日，测办［2008］40 号）［Z］.

［59］ 科学数据共享工程技术标准——标准体系及参考模型（SDS/T 1001.1—2004）［S］.

［60］ 地震科学数据共享工程技术标准——地震科学数据 数据模式编写指南（征求意见稿）（EDS/T 2—2005）［S］.

［61］ 国土资源部规划司，国土资源部信息中心．矿产资源规划数据库建设指南［M］，2007.

［62］ Chuvieco E. Integration of Linear Programming and GIS for Land Use Modeling［J］. International Journal of Geographical Information Systems，1993，7（1）：71-83.

［63］ Doyle S.，Dodge M.，Smith A.，The Potential of Web-Based Mapping and Virtual Reality Technologies for Modelling Urban Environments［J］. Computers，Environment and Urban Systems，1998，22（2）：137-155.

[64] Jepson W. , Liggett R. , Friedman S. Virtual Modeling of Urban Environments, Presence, 1996, 5 (1).

[65] Webster C. GIS and the Scientific Inputs to Urban Planning, Part 2: Prediction and Prescription [J] . Environment and Planning B, 1994 (21): 145-157.

[66] Yeh A. G. O. Urban Planning and GIS [M] // Longley P. , et al, eds. Geographical Information Systems, Volume 1, Principles and Applications. Second Edition. London: John Wiley and Sons, 1999.

[67] 蔡为民，唐华俊，吕钢，陈佑启. 景观格局分析法与土地利用转换矩阵在土地利用特征研究中的应用 [J] . 中国土地科学，2006 (1).

[68] 邓晓光，朱欣焰，余志惠. 面向 GIS 的空间数据标准性检查研究 [J]. 测绘信息与工程，2006 (8).

[69] 杜道生等. 空间数据质量模型研究 [J]. 中国图像图形学报，2000 (7).

[70] 房世峰，裴欢，刘志辉，戴维，赵求东. 遥感和 GIS 支持下的分布式融雪径流过程模拟研究 [J]. 遥感学报，2008 (4).

[71] 傅文彪. 上海城市信息化蓝皮书 [M]. 上海：上海科学技术出版社，2002.

[72] 龚建周，夏北成. 景观格局指数间相关关系对植被覆盖度等级分类数的响应 [J]. 生态学报，2007 (10).

[73] 胡程，邹志云，梅亚南，周治稳. 城市道路网规划评价指标体系研究 [J]. 华中科技大学学报（城市科学版），2006 (S2).

[74] 胡焕庸. 东北地区人口发展的回顾与前瞻 [J]. 西北人口，1983 (1).

[75] 姜作勤. 数据质量研究与实践的现状及空间数据质量标准 [J]. 国土资源信息化，2004 (3).

[76] 蒋景瞳，刘若梅. ISO 19100 地理信息系列标准特点及其本土化 [J]. 地理信息世界，2003 (2).

[77] 李春阳，郭永明. 虚拟现实技术在城市规划与设计领域的实践 [J]. 测绘科学，2003 (1).

[78] 李德仁. 论 RS. GPS 与 GIS 集成的定义、理论与关键技术 [J]. 遥感学报，1997 (1).

[79] 李晓琴，孙丹峰，张凤荣. 北京山区植被覆被率遥感制图与景观格局分析——以门头沟区为例 [J]. 国土资源遥感，2003 (1).

[80] 梁艳平，刘兴权，刘越，谭春华. 基于 GIS 的城市总体规划用地适宜性评价探讨 [J]. 地质与勘探，2001 (3).

[81] 刘世洪，胡海燕等. 农业信息化标准体系框架研究 [EB/OL] http://scholar. ilib. cn/A-jsjyny200602003. html.

[82] 刘震，李书楷. "3S" 一体化技术和方法的探讨 [J]. 环境遥感，1995 (2): 152-160.

[83] 卢新海，何保国. 基于 GIS 的数字城市规划多源异构数据特征分析 [J]. 地理空间信息，2005 (4).

[84] 罗名海. 城市信息资源整合中的相关 GIS 技术 [A]. 湖北省测绘学会 2004 年度科学技术交流会论文集，2005.

[85] 马荣华，黄杏元，蒲英霞. 数字地球时代 "3S" 集成的发展 [J]. 地理科学进展，2001 (1).

[86] 庞前聪，吕毅等. 城市三维动态规划信息系统建设研究 [J]. 经济师，2004.

[87] 沈涛，李成名，赵园春. 城市基础空间数据质量检查技术研究 [J]. 测绘科学，2005 (10).

[88] 宋洁华，李建松，王伟. 空间自相关在区域经济统计分析中的应用 [J]. 测绘信息与工程，2006, 31 (6).

[89] 宋力，王宏，余焕. GIS 在国外环境及景观规划中的应用 [J]. 中国园林，2002 (6): 56-59.

[90] 宋小冬. 计算机景观仿真技术的实用性、可推广性 [J]. 城市规划，2003 (8): 25-27.

[91] 孙毅中. 城市规划管理信息系统 [M]. 北京：科学出版社，2004.

[92] 万志杰，杨宇鸿. TIGER 空间数据模型及空间数据标准问题探讨 [J]. 测绘与空间地理信息，2006 (6).

［93］ 汪成刚，宗跃光. 基于 GIS 的大连市建设用地生态适宜性评价［J］. 浙江师范大学学报（自然科学版），2007, 30（1）：109-115.

［94］ 王春林，张雪岩. 空间数据质量及精度分析［J］. 黄金地质，2003（3）.

［95］ 王卷乐，陈沈斌. 地学栅格格网数据质量评价指标与方法［J］. 测绘科学，2006（9）.

［96］ 王磊，肖艳妮. 东莞空间数据质量检查系统设计与实现［J］. 工程地球物理学报，2006（4）.

［97］ 王磊. 三维可视化在城市规划辅助设计管理中的应用［J］. 智能建筑与城市信息，2003（5）.

［98］ 王晓栋，毛其智. 浅谈空间信息技术在人居环境科学中的若干应用［J］. 华中建筑，2000（3）.

［99］ 王振中. "3S" 技术集成及其在土地管理中的应用［J］. 测绘科学，2005（4）.

［100］ 王之卓. 遥感、地理信息系统及全球定位系统的发展过程及其集成［M］. 北京：测绘出版社，1995：1-8.

［101］ 谢波，李利军等. 基于 GIS 和 VR 技术的三维城市规划系统的研究［J］. 微计算机信息，2004, 20（10）.

［102］ 熊宽. 基于 GIS 和历史地形图的青岛城市空间形态演变研究［D］. 青岛：青岛大学硕士论文，2009.

［103］ 杨存建，张增祥. 矢量数据在多尺度栅格化中的精度损失模型探讨［J］. 地理研究，2001（9）.

［104］ 杨俊宴，史宜，邓达荣. 城市公共设施布局的空间适宜性评价研究——南京滨江新城的探索，2010（4）.

［105］ 杨克俭，刘舒燕，陈定方. 虚拟现实与城市规划［J］. 系统仿真学报，2000（3）.

［106］ 杨青生，黎夏. 基于动态约束的元胞自动机与复杂城市系统的模拟［J］. 地理与地理信息科学，2006, 22（5）：10-15.

［107］ 张红，王新生，余瑞林. 空间句法及其研究进展［J］. 地理空间信息，2006（4）.

［108］ 张忠民. 空间数据质量控制及检验［J］. 合肥工业大学学报（自然科学版），2004（8）.

［109］ 赵杏英，李莉. 南非地理信息标准化综述［EB/OL］. http：//ilib. cn/A-dlxxsj200601004. html.

［110］ 郑朝贵. "3S" 技术及其在城市规划中的应用［J］. 滁州学院学报，2004（4）.

［111］ 郑晓娟，赵素霞. 空间数据质量综合评价方法的探讨［J］. 地理空间信息，2006（12）.

［112］ 周健，罗巧灵，魏伟. 城市总体规划中人口规模预测方法探讨——以博乐市总体规划为例［J］规划师，2005（7）.

［113］ 朱露，吴素芝，林慧敏. 技术在城市规划中的应用与展望——以天津经济技术开发区为例［J］. 城市规划，2003（8）.

［114］ 朱庆，陈松林，黄铎. 关于空间数据质量标准的若干问题［J］. 武汉大学学报（信息科学版），2004（10）.